江南运河古镇聚落营造智慧与生态美学

张新克　著

中国建筑工业出版社

图书在版编目（CIP）数据

江南运河古镇聚落　营造智慧与生态美学 / 张新克著 . —北京 : 中国建筑工业出版社 , 2024.3

ISBN 978-7-112-29506-7

Ⅰ . ①江…　Ⅱ . ①张…　Ⅲ . ①乡镇—古建筑—研究—华东地区　Ⅳ . ①TU-87

中国国家版本馆 CIP 数据核字（2023）第 251831 号

责任编辑：王晓迪
责任校对：王　烨

江南运河古镇聚落　营造智慧与生态美学

张新克　著

*

中国建筑工业出版社出版、发行（北京海淀三里河路9号）

各地新华书店、建筑书店经销

北京光大印艺文化发展有限公司制版

建工社（河北）印刷有限公司印刷

*

开本：787毫米×960毫米　1/16　印张：18　字数：241千字

2024年3月第一版　　2024年3月第一次印刷

定价：**78.00**元

ISBN 978-7-112-29506-7

（42262）

电话 :（010）58337283　QQ : 2885381756

（地址：北京海淀三里河路9号中国建筑工业出版社604室　邮政编码：100037）

江南

序言

初春的江南运河古镇聚落，白墙黑瓦在蒙蒙烟雨的笼罩下显得朴素、静谧、自然、协调，像是一幅天然的水墨写意画，正是这种魅力深深吸引了我，也使江南运河古镇走进了我的心灵深处。因为执着于地方古民居建筑文化研究，我的眼界得以拓宽，认识了浙北之外的更多古镇，在完成《浙北水乡古镇民居建筑文化》一书后，曾经想过要不要循这一方向继续前行，有没有深耕的决心和毅力，因此彷徨、犹豫过。但当我沿着江南运河考察时，发现原来江南运河沿岸遗存的明清市镇聚落是如此之多，保护是如此之完整，于是我决定沿着江南运河古镇聚落这一研究方向继续前行。我开始着手查阅文献，搜集地方志、相关著作与文论等资料，同时对江南运河古镇聚落展开深入的田野考察，通过走访、记录、拍照，录像等方式搜集研究所需的第一手资料，利用统计法、比较法、分析法对第一手资料进行整理、分类。在这个过程中，我认识到了江南运河古镇聚落形态丰富，构造独特，建筑营造技艺之精湛，文化价值之广博。很荣幸“江南运河古镇聚落的营造智慧和生态美学研究”成为 2021 年教育部人文社会科学规划项目，为继续深度开展研究提供了有力的保障。

调查研究是最基础也最繁杂的工作，但只有调研资料丰富且真实可靠，才能为后续顺利开展研究提供帮助。江南运河古镇主要分布于长江以南，更准确地讲，是分布在长江以南、江苏镇江至浙江杭州这一区域。江南运河跨越江苏、浙江两省，以及五市，其沿途分布着历史遗存古镇10多座，因此调研需要跨省区、跨区间，而市镇一般远离市区，这就需要完整的时间和便利的交通工具。经过摸排调研区域的情况，我制定了一套不走回头路、分区域，把碎片时间最大化利用的行之有效的调研方法。完成调研工作后，立即对搜集的资料进行分类、归纳整理，建立电子档案。当然，实地调研不是一次完成的，有时只是因为一张图片不清晰，或不确定图片中建筑出处是否准确，需要往返数次。也正是一次次反复品读、细思、明辨，才积累了丰厚的研究资料。与此同时，文献查阅也是必不可少的，在实地调查时，若遇到无法解答的问题，可以通过市志、镇志等方志文献找到答案，梁启超先生曾说："最古之史，实为方志。"对方志文献进行查阅与学习是研究古镇聚落文化的有效途径，但方志内容繁多，时代性强，因此建立文字工作记录也是必要的。

本书主要包括八个方面的内容：第一章"总论"，比较分析与研究相关的释义，明确研究内容和研究价值；第二章"江南运河地理环境特征"，主要厘清江南运河与太湖水文环境的关系，江南运河古镇聚落的分布与江南运河水系的关系，这些是江南运河古镇聚落形成和发展的前提，也是江南运河古镇水文化形成的关键；第三章"江南运河古镇聚落的水文化"，主要分析了水文化对农业、商业、航运发展以及江南运河古镇聚落风俗文化形成的影响；第四章"江南运河古镇聚落的营造特征"，主要分析聚落的分布、布局特征，以及形态构成，建筑构成特征和建筑空间组合特征，这部分研究了古镇聚落营造智慧与生态美学的前因；第五章

“江南运河古镇聚落的生态构成”，比较分析聚落中人文生态和自然生态的类别与关系，梳理了水、木、土、石、植物生态在聚落中的呈现以及对建筑营造的支撑作用；第六章“江南运河古镇聚落的营造智慧”，从中国传统哲学思想“道法自然”和“天人合一”入手分析江南运河古镇聚落选址、建筑形态设计中人与自然的和谐统一，论证建筑选址、布局、构造设计中形态设计与因地制宜、空间构筑与巧于因借、审曲面势与适形设计、因材施技与因材施饰、随类赋形与同中求异的营造理念；第七章“江南运河古镇聚落的生态美学”，主要分析人居环境、装饰设计、建筑构件、建筑空间、比例与尺度、色彩设计等，重点探讨中和、共生、崇德向善、秩序与协调、朴素的美学特征，这些是认识江南运河聚落古镇建筑文化的依据，也是本书研究的核心；第八章“江南运河古镇聚落的保护路径”，从分析江南运河古镇聚落的保护现状及存在的问题入手，探究水生态、江南运河古镇文化遗产的活态传承与保护路径，分析数字信息技术在传统建筑遗产保护中的应用与价值，这些是传承江南运河遗产文化的依据和保证。

对江南运河古镇聚落营造智慧与生态美学的研究，既要顾大局，又要重细节，好在我在研究过程中一直秉承一步一个脚印、持之以恒的态度，不急不躁，稳步前进，方结出果实。虽谈不上鸿篇巨制，但为京杭大运河、江南运河文化遗产研究增添了一笔墨色，颇感欣慰。

搁下笔，眺望窗外，微风中夹带着细雨，滴滴答答的落雨声把我的思绪带回魂牵梦绕的江南运河古镇……

目录

第一章 总论

江南运河是京杭大运河长江以南的一段，历史上将这一段运河称为江南河。江南运河流经历史上相对狭义的江南区域中的江苏南部、浙江中北部，而市镇聚落是以江南运河水系为依托而形成的，与江南运河有着不可分割的联系。江南运河是江南区域经济贸易发展的载体，它具有巨大的漕运、客运、商运价值，起着纽带的作用，它将沿岸分布的星罗棋布的市镇聚落连接为一张棋盘，是市镇经济、文化交流与发展的主动脉。透过市镇聚落可以窥见曾经的人文兴盛和手工业、丝织业、棉纺业的繁荣，因此，作为江南运河文化遗产符号，市镇聚落是研究江南运河区域经济发展的有力证据，是研究江南运河历史发展的活化石。

第一节 江南与江南运河、聚落营造技艺和智慧阐释

一、江南与江南运河的区别与联系

“我国江南地区原是一范围很广、历史很久的地域概念。广义地讲，我国历史上，凡属于长江以南、五岭以北的地区都泛称为江南地区。但在各个时代又有广狭不同。现代广义的江南地区包括苏南（江苏长江以南）、皖南（安徽长江以南）及浙江全部；狭义的江南地区这一范围指东北部的平原部分，即苏南苏锡常地区、浙江杭嘉湖地区以及上海市。”[1] 在历史上，江南是不断变化、富有弹性的地域概念，它不仅代表着丰富的水网，在美学上有烟雨蒙蒙、小桥流水人家的意境；在经济上，也是一个农业发达、商品丰富、手工业发达、商贸经济繁荣的地区。

从京杭大运河历史发展的过程来看，京杭大运河的主要功能为漕运，因此又称为漕河。《明史·河渠志》“运河”记云：“漕河之别，曰白漕、卫漕、闸漕、河槽、湖漕、江漕、浙漕。因地为号，流俗所通称也。”江南运河是对京杭大运河长江以南镇江至杭州段的统称。江南运河，古称江南河、浙西运河，由不同地段、不同名称的河道疏浚而成，不同区域、不同地段有不同的称呼，例如浙江桐乡境内有澜溪塘、霅溪，在湖州境内有頔塘[1]，在嘉兴市境内有苏州塘、杭州塘、长水塘，在苏州境内有上塘河等。江南运河是隋疏浚后对京杭大运河

1　頔塘，又名荻塘。荻塘为太湖流域开凿最早的运河之一，其沿途芦荻丛生，故得名。系西晋吴兴太守殷康主持开筑，具有水运、灌溉功能。流经湖州南浔、吴江震泽，东达平望莺脰湖，与江南运河沟通。荻塘运河历经几次疏浚，唐贞元八年（792 年）湖州刺史于頔主持修筑，人们为怀念其恩德，改为頔塘。因引文出处不同，故本书中有頔塘和荻塘两种叫法。

江南段的统称，最早可见于宋代司马迁所著《资治通鉴·隋记》中的记载："隋大业十年，敕穿江南河，自京口至余杭八百里，广十余丈，使可通龙舟。"这是文献中首次出现江南河，也是第一次对"江南河"的详细记载。江南运河逶迤于长江中下游以南的太湖流域，钱塘江以北区域。具体地讲，江南运河是指长江以南，经由江苏镇江、常州、无锡、苏州，浙江湖州、嘉兴至杭州之间运河流经的区域。江南运河有着独特的地理环境和区位优势，其流经之地水网丰富，除了长江、太湖、钱塘江三大水系之外，还有若干条河网构成的水系穿越运河，或与运河相接，丰富的水网体系使江南运河既可通江，又可达海，交通异常发达，为漕运、客运、货运提供了天然保障，加上历朝历代政府重视江南运河的功能，不断疏浚江南运河及相关水系河道环境，使江南运河航运业发达，同时带动了沿岸农业、手工业、商业的繁荣。

江南运河与江南区域在地理位置上属于并存关系，但江南运河的区域地理位置占比相对江南来说较小，江南运河位于江南地区局部区域，并贯穿其中。因此，从江南运河的分布来看，仅仅经五市、二江（长江水系、钱塘江水系）、一湖（太湖水系）。江南运河穿越江南腹地，为江南农业、经济、文化的繁荣发展奠定了基础，同时因为江南运河水系四通八达，成就了沿岸市镇的崛起，今天人们熟知的江南水乡乌镇、同里、震泽、黎里、南浔、石门、崇福、平望、新市等古镇都与江南运河直接或间接相连。

二、聚落的含义与分类

聚落，顾名思义，是人们聚居而成的栖身之所。《汉书·沟洫志》记载："时至而去，则填淤肥美，民耕田之。或久无害，稍筑室宅，遂成聚落。大水时至漂没，则更起堤防以自救，稍去其城郭，排水泽而居之……"不难看出，聚落是人们利用自然、改造自然、适应自然的智慧结晶。聚落的主体离不开人类，聚落的客体是自然。最早的聚落为宗族式聚居，但随着社会的发展和进步，聚落有了乡村、市镇和城市之分，也就出现了杂居聚落。学术上讲的聚落的分类是在聚落地理学出现之后才有的，聚落地理学把聚落划分为乡村聚落和城市聚落，然后按类分别做进一步系统划分。由于聚落都有自己的起源、历史发展、地理环境、形态结构、规模以及经济活动和职能等，很难形成一个包括全部要素和属性的综合的分类系统，大都根据聚落的职能或形态特征辨识其性质。因此，根据规模大小和功能性，聚落可分为乡村聚落、市镇聚落、城市聚落三种类型。如果从人口规模上看，区别较大，城市聚落最大，人口较多，流动性也大；市镇聚落人口次之，流动性一般；乡村聚落最小，人口较少，极少流动。如果从行政级别上看，乡村从属于市镇，市镇从属于城市。

1. 乡村聚落

乡村聚落“既继承了‘聚’‘邑’血缘、氏族关系，又具有行政功能”[2]。乡村聚落的行政职能区别于市镇聚落，人口相对要少，一般是以血缘为纽带的宗族式聚居，主要从事农业、畜牧业。

2. 市镇聚落

市，顾名思义是指集市，是进行交易、买卖的地方；镇级别大于村，小于县、郡。市镇是手工业、农业、商业、文化交流的场所，是务农者、从商者、手工业者以及文人士大夫择居之地。

市镇聚落因商业贸易发达而发展并壮大。一般市镇聚落交通便利，既可通村落，又可通上一级地方行政中心县、郡、府等，甚至可通大都会。江南运河市镇就是因为有丰富的水系，交通便利，通衢四方，内陆与沿河均可通达。

3. 城市聚落

就职能而言，城市聚落是乡镇聚落的行政管辖中心，也是政治、经济、文化的聚集地和传播地，城市聚落实质上是一个大型的人类聚

居地，以杂居为主，因生活便利，是理想的居住地。江南运河流域分布的五大城市，因时空变化、政治制度的差异，被称为郡、都会、都市、州府等，但不管名字怎么变换，其城市聚落的性质是不变的，最为突出的特征是人口密集。如果以行政属性界定的话，可以是地方的行政中心，主要从事非农业。当然，城市的发展离不开农业、手工业、商业以及运输业。

三、营造技艺与营造智慧的区别与联系

营造技艺是指中国传统木结构营造技艺，《中国百科全书：建筑园林 规划》将营造技艺分为13大类。根据中国传统木结构建筑所涉及的主要建筑材料——土、木、砖、瓦、石，营造专业分工主要包括大木作、小木做、瓦作、砖作、窑作、石作、土作、泥作、竹作、雕作、彩画作、油作、搭材作。其中，大木作为诸“作”之首，在营造中占主导地位，在材料的合理选用、结构方式的确定、模数尺寸的权衡与计算、构件的加工与制作、节点及细部处理、施工安装、设计与管理方面有独特的方法和技艺。一套完整的营造技艺对建筑营建固然重要，但设计和管理对于一座建筑的体系与结构合理与否也起着关键的作用。因此，建筑的营造技艺是以设计与管理为前提的，彼此互相支撑、互相依托。

与营造技艺相比，营造智慧属于思想观念方面。例如，在营造中使用巧妙的方法，合理地借用空间，因地理环境而设计建筑的形态与结构，巧妙地运用自然规律，使人文环境与自然形态相协调；在建筑设计中合理地使用比例尺度，将哲学思想、宗教文化、诗书礼仪文化融入建筑设计。营造智慧还体现出道法自然、天人合一、因地制宜、巧于因借、审曲面势、随类赋形的工艺思想。

四、生态美学、环境美学的区别与联系

生态与环境是两个不同的概念，其词义有着明显的区别。生态美学家曾繁仁先生从字意学的角度明晰了“生态”与“环境”的含义。“环境”，英文为“environment”，有“包围、围绕、围绕物”等意，明显是外在于人之物，与人是二元对立的。“生态”，英文为“ecological”，有“生态学的、生态的、生态保护的”之意。[3]

生态美学是一种“后现代”语境下产生的新的美学观念。所谓“后现代”语境，是说生态美学是“后工业文明”即“生态文明”时代的产物。生态美学是一种符合生态规律的当代存在论美学，它产生于20世纪80年代以后生态学已取得长足发展并渗透到其他学科的背景下。生态美学研究以存在论为基础，最早由挪威哲学家阿恩·奈斯（Arne Naess）于1973年提出深层生态学，实现了自然科学实证研究与人文科学世界观探索的结合，形成存在论哲学。这一哲学理论突破了主客二元对立的机械论，提出系统而完整的世界强，反对“人类中心主义”，主张人、自然、社会三者协调与统一。美国生态美学家保罗·H.高博斯特（Paul H. Gobster）在系统研究生态美学方面也较有影响力，其作品《景观审美体验的本质和生态》，从生态美学的角度对景观审美体验进行了实证研究。

环境美学也属于新兴的美学观念，出现于20世纪中后期。加拿大学者艾伦·卡尔松（Allen Carlsob）认为：“环境美学是20世纪后半叶出现的两三个主要美学领域之一。它以对整个世界的欣赏这一哲学命题为关注点，因为世界不仅仅是由个别事物组成的，也包含环境本身。”当代美学理论家陈望衡在其著作《环境美学》中提出了一个关于环境美学的理论体系，认为环境美学的本质是人的家园，是生活的学问，并从环境居住功能出发，探讨了宜居、利居、乐居、安居、和居的内涵，同时从守住乡愁的角度论证历史环境、自然保护的重要性。

那么生态美学与环境美学又有怎样的区别与联系呢？

首先，研究对象不同。生态美学研究“人、自然、社会”的统一，环境美学研究的是人们以审美的态度面对自然的问题。曾繁仁先生认为：“生态美学是一种包含着生态维度的当代生态存在论审美观。它以人与自然的生态审美关系为出发点，包含人与自然、社会以及人自身的生态审美关系，以实现人的审美的生存、诗意的栖居为其指归。”[4]环境美学主要从美学的角度关照环境，陈清硕提出：“环境美学是一门交叉学科，是根据哲学、美学的基本理论专门研究环境的一门实用美学。它既是环境科学的组成部分，又是哲学、美学的分支学科，对调节人与自然的关系、提高人们对环境的审美能力、促进人的全面发展及环境建设、经济发展都有十分重要的作用。”[5]

其次，研究内容不同。生态美学强调对生态关系的审美感知和艺术表达，关注自然与人类社会的和谐共生，以及对自然和生命的尊重和保护。环境美学则关注对自然环境、人工环境、社会环境的审美感知和艺术表达。它不仅关注艺术作品的美学价值，还关注环境的美学价值，包括自然环境保护、城市规划与设计的艺术性、人居环境的改善等。

确切地讲，生态美学的核心是以实现“诗意的栖居”及培养“家园意识”为目标，从自然出发，反思人与自然的关系，反思自然美对宜居、诗意的栖居的影响；环境美学的核心是审美对象。生态美学思考的是对生态、环境的关怀，环境美学同时也关注环境保护和自然美学。两者有共同点，但根本区别在于生态美学的核心是人、自然与社会，而环境美学的核心是环境、审美。因此，两者的研究内容是截然不同的。

第二节 江南运河古镇聚落发展的成因及特色

一、聚落发展的成因

京杭大运河北起北京，南达杭州，流经北京、河北、天津、山东、江苏、浙江六省市，沟通了海河、黄河、淮河、长江、钱塘江五大水系，成为贯穿南北的交通大动脉。京杭大运河是人类文化遗产，见证了时代的更迭、历史的变迁、社会的发展。京杭大运河由四大段构成。其中，南段部分运河，其建造历史可上溯到春秋战国时期，也是航运价值较大的一段，流经太湖流域，水生态环境较为丰富，河湖交织，形成了北通北京、东至大海、南通广州、西通洛阳的四通八达的局面。天然的交通条件为江南运河沿线市镇的发展提供了保障。

明清时期，江南运河市镇手工业繁荣，丝织品商业贸易发展迅速，南浔、震泽、平望、同里、王江泾、濮院、新市等江南巨镇。曾一度发展为江南手工业中心。通过现存的市镇聚落形态依稀可见往日的繁荣，其构成与营造也体现着古人的智慧和创造力。随着宋室南渡，中原文化与本土文化融合，道法自然、天人合一、因地制宜、巧于因借、审曲面势的营造思想对古镇聚落的形成与构造产生了深远的影响。因此，研究江南运河古镇聚落要追根问源，探讨江南运河的地理环境、水文环境，探讨人们与水的关系，水文化文脉基因对江南市镇形成的影响，市镇聚落形态的构成与水环境的关系等。

二、聚落的特色

（一）水环境特色

水生态环境是市镇赖以存在的基础，江南运河沿岸水网密布，人们择水而居，水道出入方便处为绝佳选择。江南运河市镇聚落中共同的元素就是水道。市镇中的水道有干流和支流之分，居于市河为上，居于汊河为下，而这一选择主要是基于建筑使用功能方面的考虑。市河往往也是市镇的中心区域和商业中心，生活、生产、出入市镇较为方便，因此，无论是民居、作坊还是商铺，市河都是首选之地。同时，在水多地少的市镇聚落中，财力也决定着择居位置，一般经济条件有限的人家会选择居住于汊河沿岸。不管是市河还是汊河，河道环境是居民赖以生存的空间，建筑选址依赖于水生态环境，这一环境也决定着人们的生存空间的广度和深度。

（二）水文化特色

水是江南运河古镇聚落的主要构成部分，是居民赖以生存的基础，农业发展离不开水，如形成了圩田系统；商业交流离不开水，如形成了通江达海的漕运、商运、客运网；节俗活动离不开水，如水上集市、水上婚礼、水上商贸等；文化艺术离不开水，如绘画、戏剧、诗词等。

（三）营造特色

江南运河古镇聚落空间是由各种建筑形态构成的，根据构成形态可分为建筑、园林、桥梁、辅助建筑等。建筑营造技艺细分可达几十个工种，所谓的“术业有专攻”在建筑营造技艺上体现得淋漓尽致。

（四）生态构成特色

从表面上看， 江南运河古镇聚落是由人文生态和自然生态两部分构成的，但实质上人文生态的本质材料也是由自然生态元素组成的。生态元素是构成江南运河古镇聚落的分子，可以说是无处不在，厘清水、木、土、石、植物等生态元素是研究江南运河古镇聚落营造智慧的基础。

（五）聚落构成特色

江南运河腹地，历史上水患不断，特殊的地理环境造就了人们与水共存的智慧，也形成了独有的聚落特色。第一，聚落形态多样。从整体布局来看，市镇聚落沿河呈带状分布，没有规则的“井”字形态，各个市镇聚落因水文、地理环境而呈现不同形态。第二，聚落空间多变。多变的水道形态，对建筑布局产生了直接的影响，因此没有一成不变的街道空间，街巷空间的形态取决于建筑坐落的关系。例如受空间局限的沿街建筑为了尽可能利用街巷空间，沿街建筑一层内缩，二层扩展，这样既不影响街道空间功能，又不影响个人使用。第三，建筑样式多样。受地势走向、高低，地形面积、形态的影响，建筑样式有所不同，进数多少不同，开间数量不一。第四，装饰符号族群化。朴素自然的材质承载着丰富多彩的纹样，其中不乏宗教、伦理、家风家训等符号。第五，聚落营造和谐化。主要体现在对建筑形态与水生态关系的处理上，建筑形态顺应水生态环境，体现了“因水制宜”、巧以借用的理念。总之，江南运河市镇聚落建筑形态虽从表面上看颜色统一、形态近似，但细微观察却千变万化。

（六）建筑艺术特色

江南运河古镇建筑形态各异，以水道为主线，支流为辅线，依次坐落，人亲水而居，以水为道。古镇聚落的突出特征是人、社会与自然关系和谐，是人在生存活动的土地上遵循了自然生态。从现存江南运河古镇聚落的构成来看，仍然可见人与自然的有机统一，从而建构了较为和谐的人居环境，实现了天、地、人的和谐相处。建筑空间秩

序的形成、结构构造的稳定性、建筑形态的多样性体现了人与人、人与自然、人与自身需求的关系；同时，聚落的构成、建筑因地制宜的巧妙构筑、恢弘大气与精妙绝伦的构造技艺、富有内涵的装饰体现了技术美、工艺美、内涵美、意境美。从江南运河古镇聚落可以看出，人在利用自然又不破坏自然的前提下为自身营造了生存空间——聚落形态虚实相间，水与建筑形态自然协调，彰显意象之美；聚落空间的有序分割和交错体现了秩序美学；聚落的黑、白、灰色彩则充分体现了朴素的美学观念。同时，聚落的整体营造还体现了审美主体与自然内在生命价值美学的协调，即和合之美。

第三节 江南运河与古镇聚落的关系

市镇因水而生，因运河而兴。不管是探讨市镇还是运河，太湖都是绕不过去的重点。太湖位于长江三角洲的冲积平原上，地势西高东低，西南高、东北低，该区域水网密布，浦塘纵横。发达的水网系统孕育了星罗棋布的市镇，这些市镇顺着水流的方向分别向东、东北、东南、南四个方向呈放射状展开，其中，大多数分布在东、东南、南三个方向：东有木渎、同里、周庄、角直、锦溪、千灯等市镇，东南有平望、盛泽、震泽、王江泾、西塘、枫泾、濮院、王店、新塍等市镇，南有南浔、新市、练市[1]、双林、乌青、塘栖、崇福、硖石、长安等市镇。历史名镇如同里、黎里、西塘、平望、震泽、盛泽、练市、新市、南浔、双林、乌镇、濮院、崇福等主要分布于太湖流域东南及南部。因江南运河由姑苏向南逶迤于太湖东岸，而太湖下委水系呈东西走向，与南北走向的运河相交，为运河输送水的同时，也使周边市镇与运河连通，市镇因有利的水道交通环境而兴盛。

江南运河流域水网丰富，与流经地的河道交汇，水路交通发达，航运繁忙。经过历代不断的治理和水道疏浚，形成了市镇与运河相连，镇镇相通、镇城相通的水乡奇观。江南运河的贯通为明清市镇的发展提供了天然的保障，密集的河网成为市镇经济发展的主要通道，也是对外贸易发展的桥梁。大量南北货船的通行和驻留，也使吴越文化与中原文化、楚文化有了交融的机会，为江南市镇的经济繁荣打下了坚实的基础。

1　练市，又名琏市。市镇成于秦、汉，兴在晋、唐。两千多年前，因乡人购琏成市，故名"琏市"。明洪武年间，因镇内市河河水西来如匹练，故称"练溪"。清同治年间始称"练市"。古籍中以琏市居多，近现代官方称谓则为练市。

第四节 江南运河古镇聚落的研究价值

一、江南运河古镇聚落是江南运河区域文明的象征

江南运河古镇聚落构成形态丰富，种类繁多，且大部分保护完整。按照形态学分类可分为人文形态和自然形态。人文形态具体可分为民居建筑、宗教建筑、作坊建筑、园林建筑、骑楼建筑、廊棚、桥梁建筑、驳岸、河埠头、书院建筑等，不同类别的建筑有着不同的使用功能，建筑类别的多样性说明了居民的多元化。例如：民居建筑又分为单体院落建筑和多进式组合建筑两大类，从建筑构造和功能上看，多进式组合建筑明显体现了居住者的经济实力和人文素养。书院、藏书楼建筑体现了文化学识和底蕴。园林建筑彰显了居住者的审美精神。建筑、桥梁、廊棚、驳岸、河埠头等不仅是江南运河市镇聚落繁荣发展的见证，建筑形态的多样化也体现了随类赋形的营造智慧。这些建筑形态都是江南运河古镇聚落的构成部分，缺一不可，也是江南运河文化遗产符号，是研究江南运河聚落发展历史、市镇经济、民俗民风的重要依据。

二、江南运河古镇聚落映射出中国古代营造智慧和传统文化精神

江南运河古镇的选址、建筑的布局、街巷的形态构造，都遵循河道自然走向和天然形态。古镇聚落中，桥梁的营建，廊棚、骑楼的构筑，

建筑结构的营造，多进院落的有机组合，屋宇的形态，观音兜的造型，景观设计，室内环境与空间的规划，仪门门楼等建筑装饰艺术在满足人们的使用需要的同时，有机、巧妙地融合在同一空间下，甚至达到浑然天成的境界。

江南运河古镇聚落形态构成不破坏河道形态和地理环境，人们在活动时，尊重自然规律，可以理解为是对道法自然思想的发扬与传承。天人合一是指人与自然的和谐统一，而人与自然和谐相处的前提是人类尊重自然规律。因此，道法自然与天人合一在语义和目标上不谋而合。因地制宜的前提是考虑地理环境，根据地理环境的特点和优势，选择建筑的营造地址。在水多地少的江南运河古镇，人们滨水而居。要想在繁忙的市河旁边有立足之地，除受财力、物力的影响之外，还受到地理环境的影响。由于河道是逶迤行走的，其陆地形态也不规则，因此，从现存的江南运河古镇聚落可以看到不同的建筑开间样式和外观形态，有狭长的竹筒型建筑，有三角形建筑，有扇形建筑，还有圆角形建筑，这些都是受地理环境影响、因地制宜而构筑的建筑形态。巧于因借也是江南运河古镇聚落构筑的又一突出智慧，为了扩容使用面积，利用街道上空空间构筑而成的建筑形态，既不影响街道的公共性能，又满足了私人的居住需求。依附于主体建筑的水阁是凌驾于水面之上、利用水上空间的又一营造智慧，水阁的开间与跨度由水道环境而定，同时也与主体建筑的跨度有关，因此建筑因地理环境差异而在开间样式上有区别。

三、江南运河古镇聚落透露着的古典美学意蕴

江南运河古镇聚落色彩朴素、自然，形态清奇、隽秀，与天然蜿蜒绵亘的河道并行，建筑依水而构，于水中映衬，与水中行走的各式船只相映成趣，江南水乡的意象之美尽然呈现。稳重、对称、平衡的

建筑形态，有序的结构呈现着秩序之美；建筑装饰艺术中蕴含着内涵之美；建筑内在空间与庭院的交替呈现虚实之美；人与自然呈现和合之美；古镇聚落建筑的一高一低、一前一后、一白一黑，建筑与河道的一动一静，汇聚成意境之美。

四、古镇是江南运河流域历史文化遗产的重要构成部分

江南运河古镇多处于吴越文化与中原文化的交融地段，双重文化对运河古镇民居建筑产生了一定的影响。江南运河古镇聚落是历史留存的物证，不仅呈现了真实的历史面貌，还是明清江南市镇经济繁荣发展的真实反映，同时也是江南运河文化遗产的主要构成部分。聚落中的水道与街市、水巷与弄堂、宅第与园林、石桥与望柱、驳岸与码头、砖雕与木刻、匾额与门楼、厅堂与阁楼等都是研究的主要对象，如果说建筑是凝固的艺术，那么这些元素扮演着活化石的角色，栩栩如生地展现着古镇的人文历史和民风民俗。建筑的布局、结构、装饰可以反映营造者和使用者的智慧和精神，古镇聚落的形态构成和风格可以清晰地反映吴越地区的和合文化。

注释

[1] 王耘 . 江南古代都会建筑与生态美学 [M]. 北京：科学文献出版社，2021：2.

[2] 丁俊清，杨新平. 浙江民居 [M]. 北京：中国建筑工业出版社，2009：70.

[3] 曾繁仁，伯林特. 全球视野中的生态美学与环境美学 [M]. 长春：长春出版社，2011：9.

[4] 曾繁仁. 生态美学：一种具有中国特色的当代美学观念 [J]. 中国文化研究，2005（4）:1–5.

[5] 陈清硕. 环境美学的意义和作用 [J]. 环境导报，1994（2）：3–6.

第二章 江南运河地理环境特征

《资治通鉴·隋纪五》记载："大业六年，敕穿江南河，自京口至余杭，八百余里，广十余丈，使可通龙舟。并置驿宫、草顿，欲东巡会稽。"[1]江南运河又称江南河，与京杭大运河连接后，长江以南京口至余杭段被称为江南运河。江南运河属于京杭大运河的南段部分，也就是以长江南岸城市镇江为起点、杭州为终点的这段河道。其形成可追溯至春秋至秦汉时期，隋炀帝时与京杭大运河相接后，江南运河北起江苏镇江，南至浙江杭州，途径常州、无锡、苏州、嘉兴四城。"它联系南北，承接东西，沟通长江、太湖和钱塘江三大水系，成为运河交通大动脉的重要组成部分。"[2]江南运河由南北主干道和若干条支线构成，并与沿途流经的河流交织，呈网状分布，丰富的河网几乎覆盖了杭嘉湖平原，形成了"五里七里一纵浦，七里十里一横塘"的水网系统。由于水多地少，河网星罗棋布、四通八达，市镇直接或间接与江南运河相通，并因此而发展繁荣。

第一节 江南运河与太湖水文环境的关系

太湖位于江浙两省交界处，跨越苏南、浙北地区。太湖以南地势低平，土地肥沃，历史上曾是国家重要的粮仓，“苏湖熟，天下足”的美誉与太湖丰富的水资源有着直接的联系。丰富的水源为杭嘉湖平原水稻种植、桑蚕养殖等农业经济发展提供了天然保障。同时，天然的水文地理优势为市镇经济繁荣发展打下了基础，尤其是江南运河的疏通，确保了流经区域的航运及漕运顺利通行。加上太湖水域面积大，水源充足，与途径的江南运河相沟通，为江南运河航运价值最大化提供了水源保障，因此，探讨江南运河的地理环境特征绕不开太湖，而理顺太湖的水源和下委水概况，是探讨江南运河与太湖水源关系的前提，也是顺利开展江南运河水文化、江南运河古镇聚落构成形态、江南运河古镇聚落建筑文化研究的基础。

一、太湖名称溯源

太湖古称震泽，又名具区、五湖。[3]震泽之名可见《禹贡》云：“三江既入，震泽底定。”[4]孔氏《书传》：“震泽，吴南太湖名。”具区，最早出现在远古神话地理经书《山海经》中，书中记载：“浮玉之山，北望具区，东望诸毗……苕水出于其阴。”浮玉山是指天目山，浮玉一名是天目山的古称。苕溪发源于天目山之阴。从地理方位上看，浮玉山在太湖的南岸，位于湖州境内，在浮玉山可望见具区。具区，作为地理标志还被用于方位指向。“具区”一名另见《周礼·夏官·职方》：

“东南曰扬州，其山镇曰会稽，其泽薮曰具区。”[5]《方舆胜览》记载：“禹贡扬州之城。古防风氏之国，乃震泽（具区）之间。”[6] 文中明确了震泽、具区是同一指称。《尔雅》中更是明确了具区的具体方位。《尔雅》记载：“吴越之间有具区。”[7] 简短字句点明了具区的地理方位——位于吴国和越国之间。历史上的吴国属地位于江苏南部地区、浙江北部的局部区域，越国属地位于钱塘江流域，包括浙北平原的大部分区域，而太湖位于两国之间。关于“五湖”一名，《史记》载：“范蠡乘舟入五湖，太史公登姑苏台以望五湖。”[8]“五湖”之名历史上颇有争议。一说是因为周行五百里而得名。张勃《吴录》：“以其周行五百里，故名五湖。”一说是因为通五条水道而得名。虞翻曰：“太湖东通长洲松江，南通乌程霅溪，西通宜兴荆溪，北通晋陵滆湖，东通嘉兴韭溪，凡五道，故名五湖。”[9] 一说是指太湖东岸的五个湖泊。顾夷《吴地记》载：“五湖者，菱湖、莫湖、胥湖、游湖、贡湖。”[10] 无论哪一种说法，今天学术界统称为太湖，而太湖一名由来无考证，一说是大湖的意思，一说与泰伯有关。

“太湖跨苏、常、湖三郡，东西二百里、南北一百二十余里。中有七十二山，东南之泽，此为最大。”[11]（图 2-1）太湖流域是指长江下游以太湖为中心、以黄浦江为主要排水河道的一个支流水系。太湖流域界，西抵天目山和茅山山脉，北滨长江口，东临东海，南濒杭州湾，总面积 36500km^2。[12]

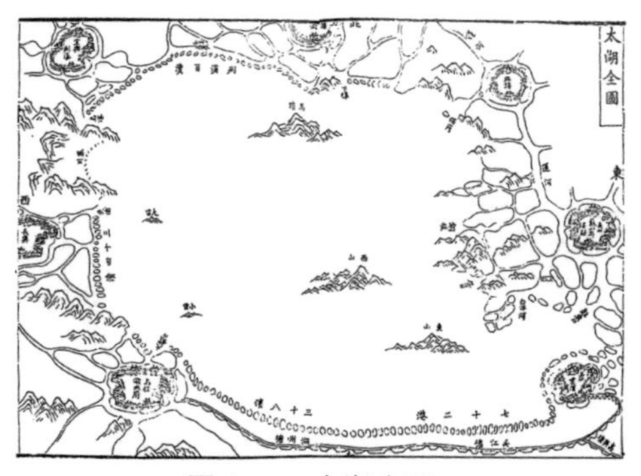

图 2-1 太湖全图

二、太湖的形成及水源关系

关于太湖形成的几种说法，都与地势低平的地理环境和位置有着不可分割的关联。太湖西高东低，水源主要来自西北宜兴一带和西南湖州天目山一带。太湖水源地跨江、浙两省四市，这些地区均群山环绕，植被覆盖率高，常年有充足的水源。太湖上游有苕溪、荆溪两大水系汇入，苕溪水系源于浙江省湖州市境内的天目山区，以东、西苕溪为最大。荆溪水系源于宜溧山区和茅山东麓，可分为南溪、洮滆湖、江南运河三大水系，往东注入太湖。各大水系之间亦有自然或人工河南北调度使河道相通，江苏境内湖西地区在江南运河以北截水入江后，入太湖水系流域面积为 6081km^2。太湖水源可以分为两部分：一是西北水源，分别为固城湖、梅渚河、南湖、胥溪、长荡湖、西滆湖、荆溪和运河，其中固城湖、梅渚河、南湖、胥溪水流量巨大，易发水患，自东坝筑牢之后，不入太湖。二为西南水源，分别为顾渚溪、合溪、四安溪、苕溪、前溪、余不溪、霅溪（图 2-2），以上水源或直接汇入太湖，或间接汇入太湖，因河流流经之处地势不同，河流时常依自然地势或因人工疏浚而并入其他河湖，进而由与太湖连通的河湖之水汇入太湖。太湖在承接西南、西北水源的同时，向太湖东北、东面、东南方向输送水源，直接承受太湖来水的有吴淞江、娄江、东江、太浦河等。

《太湖备考》一书详细记载了太湖水源的河流分布与走向。厘清了太湖水源和委水的关系，详细如下。

（一）西北水源

固城湖：位于太湖西北，为长江支流阳江水系，其发源于高淳县南五里、安徽宣城交界处。其水源为山溪之水，因低洼地带潴水成湖。东经五堰流入三塔港，经过宜兴界汇入太湖。

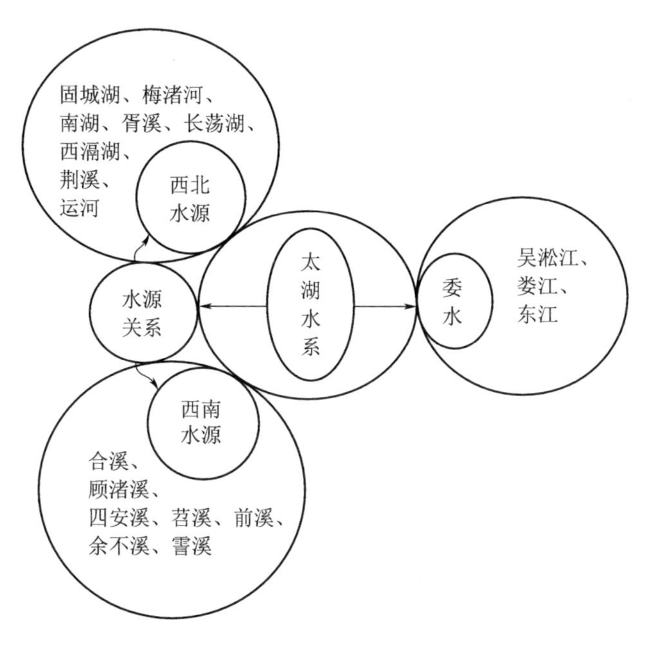

图 2–2 太湖水系图

梅渚河：在建平县北三十里，经由溧阳三塔堰入长荡湖，东由宜兴汇入太湖。

南湖：位于安徽省宣城县南，其承接广德、建平诸多水系，且有宣城诸溪汇入，东汇合高淳来水，由牛兜港溯流而进，东通五堰，以到达三吴。

胥溪：胥溪源于固城湖，上游连接长江在安徽芜湖的支流水阳江，下游接太湖水系荆溪。流经高淳与建平界，东通太湖，西入大江，为历史上较早的人工运河。

长荡湖：东西三十里，南北九十里。跨越溧阳、金坛、宜兴三县，距离宜兴县一百里。东南由塞溪连接荆溪（今宜兴）西氿[1]，东面由张河渎进入滆湖。

西滆湖：东西宽三十五里，南北宽百里。跨越武进、宜兴二界，

1 氿：释义一为“仄出泉”，出自《尔雅》第十八篇《释水》。释义二为“水厓枯土”，出自《说文解字》。释义三为“东氿、西氿”，湖名，都在江苏省宜兴市，出自《中华字海》。

西通溧阳、金坛、东由黄土河下分水墩，西有孟泾汇入塞溪，通往西氿，与团氿、东氿交汇贯通。东面由广德、溧阳、金坛及荆溪迤西诸山涧水流汇于此，并贯穿城中经东溪（即东氿）汇入太湖。

荆溪：位于宜兴境内，环抱宜兴城，在城西面的为西氿，城东面的为东氿。西氿二十七里，东氿十八里。溧阳、金坛来水及宜兴境内诸山来水一起汇入荆溪，分为百渎，汇入太湖。

运河：西北始于江苏镇江，经过丹阳、常州、无锡，到达苏州，为主干运河。而在丹阳七里桥分流而出的河流为珥溪，在金坛与洮湖交汇，又称金坛运河。在常州分流南下城西的三支为直渎、官渎、南洞子河，都汇入滆湖，另有宜兴运河与滆湖交汇，又汇入荆溪，进入太湖。

（二）西南水源

顾渚溪：位于长兴县境内，发源于顾渚山，流经紫花涧，从水口镇流出，注入包洋湖，并与箬溪支流交汇。

合溪：在长兴县西三十里，由不同发源地的山涧溪、河流汇合而得名。因流经不同区域，在其流经地又有画溪、箬溪之称，其贯穿长兴县城，经过广惠寺，向东流向新塘。

四安溪：在长兴县西南三十里，由多条溪流合并而成。发源于四安的为盘涧塘、善岸塘；发源于广德诸山的流入长兴的为荆塘、塔水塘；两条河流合并，在四安镇境内为四安溪；经过管埭、周渎、林城、午山、大德、钮店，东汇入苕溪，进入乌程（今湖州）境内，经由吕山塘，向东北方向注入太湖。

苕溪：发源于天目山孝丰广苕岩，向东流经金石乡，过金石乡后，向东流经灵奕乡，众河流交汇后，与广德水道汇合，东至安吉州治南之邵渡，又北至邱渡，与独松岭来水交汇，即所谓的苕溪的两个水源地。苕溪，经过百转千回最终逶迤于杭嘉湖平原，与箬溪、四安溪等

若干条水道交汇后，向北流去再迂回东折，经过吴山、彭汇、和平，跨六十六里，到达目海山麓，进入乌程境内，成为西溪，向北经过钓鱼台后而分为三条河道：一是北经小梅注入太湖；二是向东流经清源门到达江子汇；三是向南抵达定安门，与砚山漾来水汇合，也注入江子汇，江子汇又称霅溪。

前溪：发源于武康县的铜岘山，向东流四十九里抵达县治前千秋桥，因此得名，又向东流经县学，分为二派：一派向北流去，经过黄龙山，向东到沙村，当地称之为沙溪；一派与德清北流水道余不溪支流汇合，后抵达江子汇后向东流经过下渚湖，与余不溪交汇。

余不溪：发源于天目山南麓，向东经过临安县城、余杭县，进入钱塘县境内，向东南进入德清县境内，与境内之水交汇后流向桐乡，过运河、车溪、横湖、皂林等诸多水道，分支北流之水汇入江子汇。

霅溪：是由江子汇、苕溪、前溪、余不溪四条水道汇聚而成，因为流水霅然有声，故称为霅溪。其中一支从临湖门流出，向北由大钱港汇入太湖；另一支流出迎春门，为古运河，向东到达吴江平望，汇入莺脰湖后，由下诸港向北经七十二溇注入太湖。

除了以上史书详细记载的太湖源流水系，还有若干小河道汇入太湖。尤其是西南水系众多，并且水源多来自天目山，同时众多水源相互交织、汇流，因而，无论是西北源流还是西南源流水系，水系之间存在并流、交汇是再正常不过的。通过以上水系梳理得知，并不是所有水源都直接注入太湖，而是有一部分水道间接汇入太湖。

太湖在承受西北、西南水源的同时，本身也向周边输出了水源，保持太湖的生态自然平衡，源自太湖的部分干流向东流经吴江、常熟、松江、青龙镇等地，最终抵达东海。

三、太湖水委关系

太湖地势西南、西北高，东南、东北低，因此，太湖接收西南、西北水源，而向东南、东部、东北输出水源，吴江、苏州、常熟、嘉兴、上海均受太湖分流之水。

《禹贡》云："'三江既入，震泽底定。'三江者，娄江、吴淞江、东江也。震泽者，太湖也。浙西之水悉归太湖，由三江入海迨，东江故道既淹，后入于常熟县之北关二十四浦导诸扬子江，又于昆山县之东开一十二浦分泄诸海，尚恐淞娄二江不胜其翕受，故广开支流以救东江湮塞之弊也。"[13]

吴淞江，自吴县东门外起至入海口，二百六十里，太湖正东之干流也。湖水由吴家港过长桥东北流，过钓雪滩，截运河而东进浮玉洲桥，入龙山湖，甘泉、三江等桥水亦来会，东北流入大斜港，合瓜泾港西来之水，入今元和县界，转入昆山县界，至上海县入海。[14]

娄江，自苏州娄门外起至入海口，一百八十里。太湖水从鲶鱼口入蠡塘，过五龙桥至盘门，绕郡城而至娄门；一支于五龙桥外折而东至澹台湖，出宝带桥入运河，后折而北至葑门，与盘门之水合流，至娄门东北，由至和塘至太仓之刘河入海。[15]

东江，太湖水从牛茅墩东南出唐家湖，越运河而东，大小荡数以百计；又南合湖州、嘉兴全郡之水，奔流东注，并于淀山、三泖等湖而入于黄埔。黄埔东岸有闸港，内通新场。新场之东旧有入海口，议者以为即是古东江。今海口因筑海塘而塞，黄埔之水亦并入松江入海矣。[16]

吴淞江、娄江、东江为发源于太湖的三大水系，而这三大水系再与流经区域的河流交汇，形成支流，迤为河流；低洼处潴为泽、湖。因为水源丰富，地势低平，沪、苏、嘉之间形成了河湖密布、河网纵横交错的水乡景观。丰富的水网，加上历史上人工的疏浚，先民因地

制宜利用丰富的水系发展农业耕种体系，太湖流域才有了“鱼米之乡、丝绸之府、衣被天下”的美誉。“太湖区域河网由纵浦横塘水道构成，……广德元年（763 年）开浙西（太湖流域）屯田水利三处。其中嘉兴一处最大，当时开挖沟渠，修筑塘岸。自太湖至海边曲折一千多里构成能灌、能排、能通船的河网水系。东缘，浦、塘纵横，水网密集，由发源于太湖的娄江、吴淞江、太浦河三大水系供给，纵有浦，横有塘，岸上有路，水内有船，交通便利。”[17] 江南运河从修建那一刻起，已经与太湖水系形成襟带关系，江南运河不但作为水源之一为太湖输水，同时也接受太湖之水，维持运河的正常运行，起到排涝泄洪的作用。

“运河，西北自京口历丹阳、常州而至无锡，以达于苏州，此正流也。分流北出者俱下大江。其自丹阳七里桥分而南出者——珥渎（即金坛运河，俗称七里河），至金坛与洮湖会。其在常州分而南出者，郡之西曰直渎，曰官渎，曰南洞子河，皆入于滆湖；曰西蠡河。亦与滆湖会，皆由荆溪入太湖。”[18]

江南运河从镇江起始经丹阳，从丹阳七里桥分支向南的河道为珥渎。珥渎是金溧漕河丹阳至金坛段的古称，也是江南运河北段的重要支流，因与江南运河交汇处有七里桥，俗称“七里河”。珥渎河与洮湖交汇于金坛，然后在常州分开，向南流出的河流，城西的河流分别为直渎、官渎、南洞子河，均汇入滆湖。西蠡河（又称宜兴运河）也与滆湖交汇，最终汇入荆溪进入太湖。这里清晰地说明了江南运河是太湖众多水源的一部分，也明确了江南运河在作为漕运航道的同时，为流域地输送水源，反过来，流域的河湖也通过运河排涝泄洪，用于农业生产，因为江南运河北端起点镇江以长江为水源，南端与钱塘江沟通，丰富的长江水系和钱塘江水系保障了运河水资源的保有量。在一定程度上，太湖与江南运河、长江、钱塘江是一衣带水的关系。

第二节 江南运河水文地理特征

从史料记载来看，江南运河的开凿历史最早可追溯到春秋、战国时期，始于吴越战争之时，因为要运输战争所需军备物资，吴国除了邗沟之外还在江南地区疏通了多条河道，越国则开凿了百尺渎。这些河道为后来江南河的疏通和贯通奠定了基础。从水文关系来看，江南运河北接长江，南接钱塘江，沿途与孟河、金丹溧漕河、武宜漕河、锡澄运河、望虞河、浏河、吴淞江、太浦河、吴兴塘、平湖塘、华亭塘、海盐塘、苏州塘、澜溪塘、上塘河、浙东运河相连接，此为江南运河的主干道。从流经路线上看，江南运河流经丹阳、常州、无锡、苏州后，东绕太湖，在江苏吴江平望镇以南分成三道，纵贯杭嘉湖平原，并列前行并延伸至杭州。其中，从平望正南去往嘉兴的一道称为古运河，直接去往杭州的河道为元代开凿贯通，去往湖州的一道为天然水道——荻塘。三道运河呈川字形坐落在太湖以南、杭嘉湖平原腹地，三道运河沿线分布着数十个大小不等的湖泊，贯穿宽窄不等的主干河流与汊河，与此同时，沿运河水系坐落着数十座明清市镇，为江南运河廊道文化遗产的主要构成部分。现存并保存较为完整的古镇、古街区、组合式建筑、船运码头等多分布在这三条河道沿线。现存的明清市镇有震泽、平望、盛泽、王江泾、南浔、新塍、乌镇、濮院、崇福、石门、新市、菱湖、塘栖等。除了直接与运河联系的市镇，还有一部分市镇间接与江南运河相通，如甪直、黎里、同里、锦溪、王店、长安等，这些市镇分布的区域水系发达，湖河密集。丰富而独特的水文地理关系是市镇繁荣发展的基础，在以水陆交通干线为主要交流通道的江南地区，市镇物

资的进出均离不开江南运河。

一、江南运河流域的水系关系

江南运河自镇江至杭州段，河网纵横交织，除了沟通了长江、钱塘江、太湖水系外，航船还可以通过江南运河连接的支流水道东达大海、西通内陆。除此之外，这些支流还发挥着为运河输送货物，分解货船，排涝、泄洪、灌溉的作用。

江南运河全长 323 千米，这是相对主干道而言的。但江南运河的水系不止一条，从江南运河的形成与水系构成上看，江南运河因流经区域、开凿时间，分为北段、中段和南段三段，北段为镇江至姑苏望亭，中段为姑苏望亭至吴江平望，南段为嘉兴至杭州。江南运河北段，除了不断疏浚外，练州刺史孟简还重开古孟渎，使江南运河在常州北通长江，“长四十一里，灌溉沃壤四千余顷”[19]。它经过历代修浚，成为常州地区的重要航运通道之一。江南运河的中段，从姑苏望亭至吴江平望间，地夷而流缓。吴江平望、八坼为运河全线最低一段，原为太湖泄洪水口段。因此，流经该区域的江南运河不但承受了太湖水源，同时是太湖向东输的媒介。

据史料记载，唐代以前，吴江县南北为太湖水体所占据，不仅不通陆路，往来船只也因为水流过大、波涛汹涌常常遭浪涛颠覆而沉溺。江南运河南段，杭州至嘉兴这一段地势由西南向东北倾斜，西南地势高，东北地势低平。太湖水源不能弥补其不足，其水源主要取决于杭州西湖，如果西湖水源不足，则引钱塘江潮水补给。因此，疏浚西湖，并使其保有充足的水量，对保证江南运河南段的水源是十分重要的。

江南运河途径的城市，因其运河开凿的历史不同，运河分布也存在时间与空间上的差异。因此，要深入了解江南运河的历史文化、江南运河市镇的历史发展与江南运河的关系，还要分别根据流经城市梳理与分析水系情况，以明确运河与城市、城市与市镇的水道关系（图2-3）。

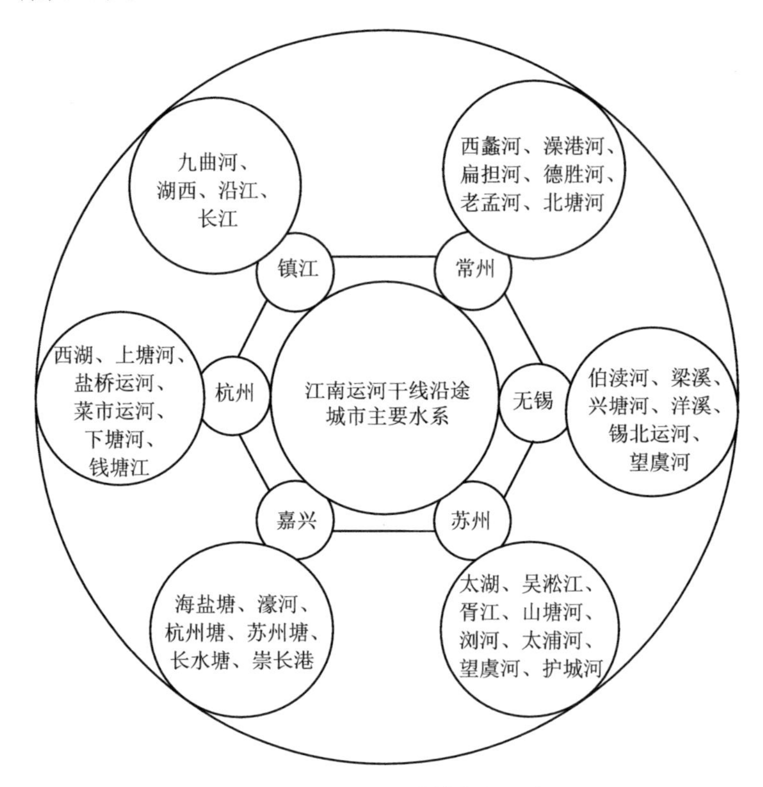

图2-3　江南运河沿途城市主要水系

二、运河沿线各城市水系

（一）镇江段水系

镇江，又名谷阳、京口、丹徒。位于长江以南口岸，是长江中下游著名的口岸城市。从地理位置上看，镇江市地貌走势为西高东低、南高北低，水陆交通便利，通达四方，是四方航运货船的必经之处，因此有南北、东西交会点的重要价值。

“邑为四达之衢，上接楚、豫，下通吴、越，为建业之门户。虽提封不逾二百里，而烟火万家。轮蹄络绎于江左要地。东西广

一百二十里，南北袤七十五里，东至丹阳界七十里，西至句容界六十里，南至丹阳界五十里，北至江都界二十八里，东南至丹阳界六十五里，东北至泰兴界一百里，西南至句容界九十里，西北至仪真界七十里，自县达省城一百八十里，北达京师三千二百里。”[20]

以上文字明确了镇江独特的地理位置，交通上可通达四方，起到门户作用。虽然地域大，但人口密集，是车、船来往于长江下游南岸以东地区的交通要道。其地域东西跨度长，南北跨度相对短，向东七十里到达丹阳界域，向西六十里到达句容界域，向南五十里到达丹阳界域，向北二十八里到达江都界域，距离省城一百八十里，距离京城三千二百里。

镇江是长江与京杭大运河的交汇地，不但控扼长江，沟通东西、南北，还是通往常州、无锡、苏州、嘉兴、杭州的门户。作为江南运河的起点，具有独特的地理优势，使其在历史发展中担当重任。

“漕渠，隋大业六年，敕穿江南河，自京口至余杭八百余里，广十余丈，使可通龙舟。”[21]

《魏志》：“无限南北。”

《宋文帝纪》：“襟带江山，表里华甸，经途四达。”

《隋志》：“东通吴会，南接江湖。”

《通典》：“长淮大江皆可拒守。”

宋知府刘宁丘言：“京口控扼大江，为浙西门户。”[22]

京口闸为长江通运河的重要水门。镇江是也是真正意义上的江南运河起始点，谏壁口位于镇江谏壁镇北，北通长江，西南连接谏壁闸。属于长江的支流，受长江之水，来往长江由此南下的船只大多由谏壁口进入，因为水道阔而深，航行顺利。

现存的镇江段大运河全长近 60 千米，其中运河主航道 42.6 千米，宽阔繁忙；古运河 16.69 千米，穿城而过，现在主要承担防洪排涝的功能，同时也是城市的主要景观性水道；另有丹徒闸外引河与城区古运河相连，向北汇入长江。除运河之外，秦淮河、湖西、沿江三个水系在这里集聚，与江南运河贯通。其中，沿江水系为平行的一系列入江或入海的河道。沿途设有多处出水闸，既能排洪抗旱，又有航运的价值。沿江水系的河道均为南北流向，由西向东排列，西起丹阳的九曲河，依次分别为新孟河、德胜河、澡港、夏港、锡澄运河、白屈港、十一圩港、张家港、望虞河、常浒河、杨林塘、戚蒲塘、白茆塘、浏河等，沿江水系跨度较大，北接长江，南抵运河。沿江水系主要分布在镇江无锡、常州、苏州地区，水路交通发达，是通往长江、运河的主要支流。

（二）常州段水系

常州，又名延陵、毗陵、晋陵、兰陵，位于长江以南，镇江与丹阳之间，太湖平原上。

常州地理位置中有运河分支，北抵长江，南达太湖。

“本府在京师东南，旧境东西二百里，南北二百七十里。国朝重加揆度，东抵苏州府常熟县界苑山，西抵镇江府丹阳县界吕城，广百九十五里，南抵湖州府长兴县界垂脚岭，北抵扬州府泰兴县界扬子江中流，袤二百八十五里。”[23]

常州界域宽阔，东抵苏州常熟，西抵镇江府丹阳县吕城，广度为一百九十五里，南抵湖州府长兴县界垂脚岭，北抵扬州府泰兴县杨子江中流，跨度为二百八十五里。这是旧时常州府区域范围，但也足以说明常州府的位置优势，可谓四通八达，尤其是运河过境，为常州提供了交通优势。

“运河东自通吴门至望亭风波桥，西自朝京门至丹阳分界铺。”[24]

运河穿过常州向东通吴门[1]，至姑苏望亭镇风波桥，向西自朝京门出通达丹阳分界铺。

1　吴门，旧时苏州的别称。或专指今苏州市，或泛指平江府、平江路、苏州府。

“西蠡河自旧南水门，一入南运河至宜兴县，一入孟泾河至金坛县，其一入太湖西至长兴，东至吴江县纲头河，自北水门入江阴县。”[25]

西蠡河是除了运河之外，常州区域较为重要的河道，西蠡河自旧南水门来形成分支，流入南运河抵达宜兴县，一支流汇入太湖，西达长兴县，东至吴江县纲头河，自北水门流入江阴县。由此可见西蠡河跨域面积之大。

江南运河常州段西至武进与丹阳交界的荷园里，东至武进和无锡交界的直湖港，全长45.8千米，是江南运河中段的重要组成部分，其开凿时间最早可追溯至春秋时期。春秋时期，吴国伐楚，为满足西征北伐军运的需求，吴国相继开凿了胥浦（一称胥渎）、胥溪等多条运河。周敬王二十五年（公元前495年），吴王夫差即位，相继主持开凿了自苏州望亭经常州奔牛、由孟河出长江的运河，全长170余里。在今天的常州市区仍可寻到古运河，自西水关沿西下塘、东下塘，穿新坊桥、元丰桥至东水关的河道，保留着春秋时期的运河流经路线，因此当地又称之为春秋运河。由于运河淤泥集淀，水浅船多，元至正年间（1341—1368年），在春秋运河南侧即今吊桥路区域再修城南渠以分流之，明正德十六年（1521年）城内船舶基本完全改行城南渠。明万历九年（1581年），常州知府穆炜另筑新河，即今天的明运河所在。运河绕常州城而过，古时候的常州运河水系与城内水系相互贯通，构成有机的水网系统，居民沿河择居，商贸经济繁荣，因此，有“一带串一城，众河育群星”的美誉。历经2500多年的演变，现常州境内有运河自西向东贯穿全境，南有扁担河、西蠡河连通滆湖，东去太湖，北有老孟河、新孟河、剩银河、德胜河、藻港河、北塘河、舜河交接长江，形成河网密布、沃野千里的水乡奇观，常州曾经发达的农业经济与丰富的水资源环境不无联系，被赋予“天下粮仓”的称号。这里生产的粮食分两路运出，一路走京杭大运河，另一路经运河入长江，通过运河、长江、海上运输两条航线输送到京城。

（三）无锡段水系

无锡，古称梁溪、金匮。无锡历史悠久，可上溯到商周时期。无锡是江南运河由镇江向杭州流向途经的第三座城市。无锡为吴文化的发源地，其人工运河的开凿可上溯到商晚期。约在 3000 年前，周太王长子泰伯在梅里建吴国。为了发展农业，开凿了伯渎河，伯渎河又称泰伯河，是中国历史上第一条人工河流，伯渎河经梅村可达常熟。伯渎河后与江南运河沟通，成为无锡东部的主要水上交通要道，曾作为吴王夫差西征楚国的主要通道。无锡这段原名叫渔浦的人工运河，其历史可追溯到春秋时期，由吴王夫差开凿，他的目的是想称霸天下，便于西征。吴王夫差修建运河的目的与泰伯相像。相对于泰伯河而言，无锡境内的江南运河形成于春秋时期，发展于隋唐时期，盛于明清两代，运河以环状河道流经无锡城区，并形成独特的城市空间。无锡境内这段人工运河后称邗沟，从姑苏的平门起始，经过无锡荡口的漕湖，穿过无锡城，途径武进、丹阳进入长江，抵达广陵，再北上至淮安。邗沟起初用于运输战争物资，但随着京杭大运河与江南河沟通，无锡运河的功能便转为漕运。

（四）苏州段水系

苏州，古称姑苏、平江，为江苏省南部城市，也是江南运河经过江苏的最后一个城市，江南运河绕苏州城，穿过吴江，逶迤在太湖东岸直达平望。

江南运河流经苏州市区的长度约 40 千米，全线贯通，自北向南沟通山塘河、上塘河、胥江、护城河、吴淞江、太浦河，其中运河与苏州内城水系连为一体，互为贯通。运河与途径河流的交汇构成回环贯通的运河水网体系，使苏州城市与运河形成共生同构的生态环境。水也成为苏州城市发展的主要载体，水路交通可通南北东西，成为连接内陆与海上贸易的咽喉。苏州运河的开凿历史也可追溯到春秋时期，

据《吴越春秋》记载，公元前 514 年，伍子胥主持修阖闾城，设水、陆城门各 8 座，内有水道相连，水门沟通内外河流，起到调节水位的作用。这是史料记载的苏州境内较早的人工运河，运河的主要作用为防御外敌入侵，但也发挥了航运价值，水门同时起到抗旱排涝的作用。丰富的水网体系也是苏州运河生态体系的重要组成部分，苏州西南面为中国内陆湖泊——太湖，太湖因水域面积大，对苏州运河水系水资源的保有量起着不可替代的作用，苏州东有阳澄湖、漕湖、昆承湖，南有淀山湖，同时又有多条发源于太湖的河流途径苏州区域，以吴淞江、太浦河、浏河三大水系横贯江南运河，太湖为众河流提供水源，河流与运河的交汇与贯通提供了良好的航运条件，同时，与其交汇的河流为运河分担航运压力，可将附近的货物运往周边乃至海运码头，对流经区域经济的发展发挥了重要作用。

浏河又名刘家港，浏河入海口刘家港镇作为漕运与海运的集结地，始于宋，兴于元、明时期。《大元海运记》载："至顺元年为率用船总计一千八百只，昆山州、太仓、刘家港一带六百三十只，崇明州、东西三沙一百一十八只。"[26] 明代时刘家港为郑和船队七次下西洋的起锚地。刘家港作为沟通海上漕运的内陆河流，对流域的经济繁荣起着不可替代的作用；而入海口的刘家港码头是中国历史上名扬海外的古港，有"海洋之襟喉，江湖之门户"的称号，有 "天下第一码头"之称。

（五）嘉兴段水系

嘉兴，古称长水、由拳、嘉禾，为浙江省北部城市，也是通往江苏、上海的门户。江南运河嘉兴段干道全长 110 千米，最古老的一段开凿于春秋时期。嘉兴地处杭嘉湖平原腹地，地势极为低平，地理环境特征以水为多，水源来自南北流向。因此，嘉兴历来有"水乡泽国"之称。据《浙西水利备考》记载："嘉郡泽国也。百里无山，虽乍浦九峰、澉浦九十九峰雄表海滨，宛如屏障，而水道之源，不尽繇其所出。”[27]

《浙西水利备考》记载：“众水发源于天目，上承杭、湖两郡之委，以下达吴淞之江、黄歇之浦。其间群流交贯吐纳潮汐，潴为泽，迤为川，析为港汊，尤难更仆数。”[28]

文中明确了嘉兴水之来源及出处，主要受杭州、湖州地区的来水，下接源于太湖的吴淞江，交汇于太浦河。河网纵横交织，与海相通，并受潮汐变化的影响。因为河海贯通，河网密布，加上平坦低平的地理环境，水在低洼处形成了湿地、湖泊，逶迤流动的水形成了河流，分支形成港、汊。嘉兴的河道较多，有浦、塘、泾、浜等。嘉兴现存的湖泊湿地南湖就是例证，河流分布有长水塘、海盐塘、杭州塘、苏州塘、长崇塘等，这些河道与运河贯通、与南湖相连，形成五水归心的局面。

“府境之水，其大者有三：一曰漕渠（即运河），一曰长水塘，一曰海盐塘。”[29]古代嘉兴有三条重要的河道，分别是运河、长水塘和海盐塘。运河绕古城而过，形成护城河。长水塘、海盐塘则由南向北流，交汇于南湖，与运河贯通，构成嘉兴城市的重要水道。长水塘、海盐塘与运河沟通更大地增加了运河的水源供应，因为河道生态保护得较好，嘉兴运河至今还发挥着重要的航运功能。

“漕渠南源自武林下塘河，受西湖、西溪、余杭塘诸水，汇注于北新关，又东合苕水支流，出会安桥，历谢村、塘栖，自德清大麻入石门二十五里，穿县城濠北出，又二十里，东合语儿枫树十八泾，西受士林羔羊十六泾，至石门镇折东，湾环如带，曰白玉湾。入桐乡界十有八里，南襟车口、濮镇，北襟烂溪、金牛、白马诸塘水，东流经皂林二十五里至正家桥，入秀水界。经陡门镇、莫家泾、三塔湾，转西丽桥，绕城西南而北至北丽桥，出杉青闸、经桥汛、达王江泾，计程六十里，入吴江界，此运河之干流。”[30]

运河为嘉兴干流河道，北接吴江平望，途经王江泾，抵达秀水，

南源自武林下塘河。

说起嘉兴地区人工运河的历史，还要追溯到春秋时期修建的百尺渎。《咸淳临安志》记载："百尺浦：在县西四十里。"百尺渎是连接吴、越的一条人工渠道，北接吴城，南连接钱塘江。公元前 495 年，越王勾践的军队曾循百尺渎北上攻吴，"吴师败于槜李[1]"。由此可以推测百尺渎最早的价值与吴越战争有关，是越上攻吴的主要通道。百尺渎在嘉兴境内称为崇长港。

运河在嘉兴与濠河、秀水交汇后，形成环城河。因在不同地段又有苏州塘和杭州塘之名。苏州塘是指嘉兴杉清闸到王江泾这部分，也是苏嘉运河的一段，全长 27 千米，其中浙江、江苏两省交界段长 9.1 千米。王江泾到嘉兴市区环城河段，长 17.9 千米，河面平均宽 70 米。

苏州塘保护较好，水量充沛，航运畅通。杭州塘是嘉兴至杭州的这段运河，又称嘉杭运河。以嘉兴市区环城河西丽桥为起点，经由桐乡石门、崇福到杭州市余杭运河镇新宇村，境内全长 60.1 千米，该段河道河面宽阔，航道畅通。

崇长港，古称越水道，又名漕运河、长安运河。崇长港连接崇福与长安，全长 7.5 千米。公元前 482 年，越王勾践开挖越水道（今崇长港），是嘉兴境内最早有确切记载的运河。公元前 210 年，秦始皇修筑陵水道，连通嘉兴、杭州，这是开河筑堤形成的水陆并行的通道。陵水道的开凿奠定了日后江南运河在嘉兴境内的大致走向，为运河嘉兴段形制确定了早期雏形。至汉代，西汉武帝为征输闽越贡赋，从苏州以南沿太湖东缘的沼泽地带开挖了苏州、嘉兴之间长百余里的河道，并与陵水道连通。至此，嘉兴人工水道贯通，江南运河初现轮廓，此河道即京杭大运河苏州至嘉兴段的前身，即所谓的古运河。古运河不仅见证了嘉兴的历史发展进程，还为沿途市镇发展提供了交通便利。嘉兴古运河沿途沟通了众多水道，四通八达，南通杭州，北达吴江，

1 槜李，古地名，在今浙江嘉兴县西南。

东通松江，西通湖州，很好地发挥了城市与城市之间的纽带的作用。

（六）杭州段水系

杭州位于江南运河的最南端，武林山是江南运河浙江段的水源地。《汉·地理志》云："武林山，武林水所出。南为九溪，西为十八涧，潴为西湖，周三十里，亦称钱塘湖。"[31] 广义上，武林山是指杭州西湖的三面群山，统称武林山，狭义上的武林山又指灵隐寺周围的山。武林山所出之水东，有九溪，十八涧，低洼处汇聚而形成西湖。与此同时，杭州西湖之水顺其地势向周边输送，当然其中也有人工开挖的渠道。西湖的地理学意义远不限于此，它在受武林之水之时，也在输送水源。明《运河议略》记载："杭城之水有上、中、下三河，转展递注，皆受西湖之水。"[32] 因此，杭州城内的盐桥运河、菜市运河均受西湖之水，且水量充足。"杭城全借西湖之水达城内之河，上通江干，下通湖墅。昔唐宋诸贤浚西湖、开六井、筑江塘、作闸坝，通接一城水脉，百世而下，尚嘉赖之。"[33] 西湖除了受武林山来水，同时上通钱塘江，下通湖墅，并沟通城内之河流。杭州段江南运河历史悠久，并随着时代变迁而呈现出多段运河。

西湖作为杭城区的主要水源，年久会淤积，历代不断疏浚，尤其是唐宋时期，不但疏浚了西湖，还要疏通其他河道，使全城水道畅通，商贸繁忙的杭州，旧时主要依赖水运，水运畅通与否，直接影响到商品经济及百姓生活等。

"唐刺史白居易倡议开浚，至今民食其利。湖水北流，合外沙河，东过永昌坝，合菜市门河，西至会安坝，合艮山门河，转德胜桥。武林门大河，自吴山水驿，过清湖上、中、下三闸之会。分为二：一为上塘河，东北径旧东仓，过临平山，为临平湖，西为石鼓湖，北至长安坝。一为下塘河，过北新桥分为二。西北流者入德清界，北流者为运河，历谢村、塘栖。穿石门城，左受语儿枫树十八泾，右受士林羔

羊十三泾之水，径石门塘东折，弯环如带，曰玉湾也。水境。逾白龙潭，东流潴为鸳鸯湖（一曰南湖），其东南入桐乡界，南受车口、陆墅，北受车溪、烂溪、龙翔湾诸水，东流径皂林入秀为滮湖（一名马肠湖），长水、海盐二塘之水所汇也。”[34]

西湖外泄之水众多，其中北流的一道途径杭州市区，汇于青湖之后，分为两条支流：一是上塘河，上塘河北上经临平至长安闸；另一条为下塘河，下塘河过了北新桥分为两支，西北流入德清境内，向北流的为古运河河道，经过谢村、塘栖、石门入桐乡境内，与车溪、烂溪（澜溪塘）、龙翔湾等河流交汇，径直越皂林进入嘉兴境内，穿越白龙潭，向东流入鸳鸯湖（今天的嘉兴南湖）。由此可见，武林山之水不仅对西湖的形成起到了水源地作用，同时影响到西湖分流水流经之地的水系，对嘉兴南湖的形成发挥了间接的作用。当然，武林山、西湖的意义远不只对上塘河、下塘河的形成发挥了作用，最重要的是为江南运河价值发挥保驾护航。

杭州位于长江三角洲南沿杭嘉湖平原和钱塘江入海口冲积平原上，地形环境较为复杂。杭州西部属浙西丘陵区，主干山脉有天目山等，为典型的山区地形；东部属浙北（杭嘉湖）平原，地势低平，河网密布，具有典型的“江南水乡”特征。省内最大河流钱塘江由西南向东北，流经全市大部分地区。东苕溪经由临安、余杭等地，与沿途众多河流交汇，最终汇入太湖。西高、南高、北低的地理环境，是运河水系并流的前提。

运河自古有漕河之称，是运送粮食等生活物资的主要通道之一。水运虽然耗时长，但省力、便利，且载货量大，沿途所经之处经济发展皆受之托。同时，运河受环境、时间、河流情况等影响，可能淤堵，影响航运，疏浚河道便成为历代政府较为重视的一项大事件。

据《浙江通志》记载：“大河旧为盐桥运河，小河旧为市河，西河旧为清湖河，东运河旧为菜市河。东运河，旧在城外。元至正十六年，筑城，圈入城内。”[35] 至少从清代早期起，杭州城内已形成两条运河，一为盐桥运河，二为菜市运河。盐桥运河贯穿杭州市区，有维持城市生活运转的作用。盐桥运河自南向北流向，南起钱塘江，北流向杭嘉湖平原。盐桥运河因地势低平，受潮水影响，淤泥时河道常堰塞，通航受影响是较为常见的事情，因此，疏浚河道、开人工河在杭嘉湖一带较为常见。著名的北宋文豪苏轼，不仅以其诗文著名，而且还是历史上的治水名人。苏轼任职杭州时曾主持疏浚河道。“轼于是时……今蒙恩出典此州，自去年七月到任，首见运河干浅，使客出艰苦万状，谷米薪刍，亦缘此暴贵，寻划刷捍江兵士及诸色厢军得千余人，自十月兴功，至今四月终，开浚茅山、盐桥二河，各十余里，皆有水八尺以上，见今公私舟船通利。”[36] 苏轼看到茅山有一条河专门容纳钱塘江潮水，盐桥有一条河专门容纳西湖水，于是疏浚这两条河道以通航。再修造堤堰闸门，控制西湖水的蓄积与排泄，钱塘江潮水不再进入杭州城内。同时，苏轼还为治理西湖而将湖泥筑成长堤，就是今天西湖上的苏公堤。

影响运河通行的原因有二：一为水源问题，二为淤堵问题。杭州段运河因与钱塘江相沟通，往往受其潮汐变化的影响，潮汐带来的泥沙淤积河道，使河水变浅，易引起大型船只通行不畅，百姓生活受其影响，粮食由此涨价，商贸经济交往不畅，因此，开浚河道事务不可小觑，同时需要大量的人力和时间。相对于嘉兴段运河，杭州运河为上游，上游运河的疏浚与治理可为下游运河的顺利通航提供保障。

第三节 江南运河古镇聚落的水系分布情况

聚落是人们居住、活动、交流的场所。《汉书·沟洫志》："时至而去，则填淤肥美，民耕田之。或久害，稍筑室宅，遂成聚落。大水时至漂没，则更起堤防以自救，稍去其城郭，排水泽而居之……。"江南运河市镇聚落群具有典型的地域性特征，简单地讲，是"择水而居，因水成市"。江南运河聚落既不同于普通的乡村聚落，又有别于城市聚落。江南市镇聚落并没完全脱离传统农业生产，又有手工业和商业贸易。

在水网系统密布的江南运河流域，水非但没有约束人们的生活、阻止对外交流，而且为人们提供了天然的可利用的地理条件，构圩地，造圩田，使临水之地成为鱼米之乡、丝绸之府。家家尽枕河、户户有缆船是江南运河市镇的典型写照。聚落的发展与发达的水网体系密切相关，因此，不能抛却水网谈聚落，否则就不能真正认识江南运河古镇。

一、江南运河古镇聚落的分布

自镇江至杭州的江南运河流域，市镇密集，现存明清古镇聚落较多，且保护较为完整的市镇主要分布在无锡至杭州段，其中大部分分布在苏州与杭州之间水网系统丰富的地区。

（一）濮院古镇水系

"镇水发源于天目山，由余杭至运河，其西北一股从妙智港入至油车桥，汇过王母桥，从齐虹桥迤逦而东，过双贤桥，出南栅口而去，有一股自张窑渡至俞家桥，入西闸口分作二股：一股亦由王母桥而去；一股进西栅过朝阳桥，由新桥漾达语儿桥转岳家兜而去；其正北一股自百花堰入北栅至定泉桥，转过大有桥，亦汇新桥漾而去；其东北一股从陡门入由吴泾，汇过灵官庙入市幽湖转入长水而去，大约一镇之水东北、西北两路而来，总汇于东南而去环抱，一镇支流萦纡其大圩，凡四舟行可盘旋而地气最厚，其一束东河、北河为一圩环抱福善翔云诸处。其一西河、南河为一圩环抱杏林市心胭脂汇齐虹桥、双贤桥北岸一带，此二圩为最大，其辰字一圩由横板桥水来，四面包裹约千亩余，语儿桥一圩由汇龙桥水来，一股过西，从陆家桥去南，一股竟上南过思家桥，西汇出南栅而去，亦四面包裹，此四处舟行，皆可盘旋者也，其零东一圩，连乡及市周围十有余里，有三塔园桥，一阻不能通矣。”[37]

濮院水道主要源自天目山之水，从余杭到运河，自运河西北一支，由妙智港到达油车桥，从齐虹桥逶迤相东，穿过双贤桥，出南栅。运河支流是濮院镇的主要水道，出南栅后分为两股支流一股进入西栅，一股进入北栅，东北一股转入长水，濮院镇的主要水道分两路，一路从东北而来，另一路从西北而来，会于东南，可见两路来水流经市镇区域，诸水交汇，纵横互通，构成濮院的水网、圩田系统。不同方向的来水交汇贯通，使濮院水路交通四通八达。

“吾镇适为三乡之会。东北至嘉兴府城三十六里，达苏州一百八十里，南至石门六十里，达杭州一百九十里，进京水程四千一百三十里，陆程三千七百十二里，南至屠甸寺镇二十里，北至张窑渡、达官塘六里，东北至陡门达官塘十里。西北至永新港达官塘十二里，东南至王店镇十八里，至硖石四十里，西南至庙牌七里。”[38]

上文反映了濮院古镇的水路交通情况，近可通乡村，可通周边市镇，如王店、硖石等，远可通州府所在地嘉兴，再远则可通苏州、杭州，最远可达京城。由此可见，濮院所在之地交通之便利、水路之通达。

（二）南浔古镇水系

南浔本名浔溪，又名南林，位于江南运河平望以南三支运河的西线上，荻塘运河连接震泽、平望，贯通市镇后向南经德清，达余杭。

《吴兴志》云："浔溪在乌程县东七十二里，有水自德清、嘉兴来，与震泽莺脰湖接焉。"明《一统志》云："浔溪自运河东流与震泽莺脰湖相接，今德清诸水自南来运河，自西来水，北入太湖，东入莺脰湖，然则运河及南北市河皆古之浔溪也。"[39]

南浔以浔溪而得名，浔溪接东南、南来水源后，向北直流注入太湖，向东注入震泽莺脰湖。而浔溪就是古运河水道在南浔的称号。

"东沿运河至曹村三里，自曹村由半路亭至震泽镇震泽县震泽司巡检驻所九里，自震泽镇由双杨花光亭梅堰至平望镇，震泽县平望司巡检驻所四十一里凡五十三里。西沂运河至东迁村十二里，自东迁村由祐村三际桥旧馆晟舍昇山八里店至湖州府城六十里凡七十一里。南至丁家桥五里，自丁家桥由穿珠湾半路塘至中塘桥、息塘庙至乌青镇二十五里凡三十里，北出太湖口十八里，自太湖口至东洞庭山苏州府太湖厅同知驻所三十六里凡五十四里。东南至陶墩村三里，自陶墩村由董家新填严墓市至新塍镇秀水县新塍汛千总驻所五十里，自新塍由九里汇至嘉兴府城二十七里凡八十里。东北由平望盛墩八斥白龙桥至吴江震泽二县城一百里，自吴江由夹浦桥、尹山桥至苏州府城四十五里凡一百四十五里，西南至辑里村七里，自辑里村至马要镇本县马要汛千总驻所十一里，自马要由含山孟西桥至新市镇德清县新市司巡检驻所五十四里，自新市由韶村漾荷叶浦至塘栖镇仁和县塘栖司巡检驻所五十四里，自塘栖由武林头拱宸桥至杭州府城五十四里凡一百八十里……"[40]

可见，南浔水系四通八达，既可通苏州、嘉兴、湖州、杭州，沿途又可达江苏吴江的震泽、平望，嘉兴乌青镇、新塍镇，德清新市镇以及余杭塘栖镇。

（三）王江泾古镇水系

王江泾又名闻川、闻湖，位于江南运河主干线上，北接江苏吴江盛泽，南接嘉兴新塍，是江南运河沿线的重要市镇之一。

“运河一称漕渠。自嘉兴迤北稍西北流一十三里至于金桥，左受蓝荷湾之水，又北二里，右分为单排坝港，左岸有亭字圩之港，又北里许右分为上睦港，又北里许，右分为下睦港，稍北约二里达三里桥，左受蒋西港，又北二里左有小三里桥，受富庄港及后富庄港，右分为淡沧溪，又北一里右分为陆家泾，又北半里万安小桥，左受小桥港，稍北右分为接战港，古闻川及王江泾实在此港也。半里长虹桥运河至是南流之时居多，宽十七丈，深一丈余，稍北二十八丈，左为闻店桥，受王江泾市河之水。”[41]

这里点出了运河自嘉兴至王江泾这一段与沿途大小水系的关系，明确了横跨大运河的长虹桥这一历史景观的状况，以及王江泾市河与运河紧密相连的关系。

“镇界无明定区域，秀水县编户二百里，镇市凡四，而县北只王江泾一镇，南尽秀水县界，北据吴江界。官塘大路镇南十四里，金桥又十三里嘉兴府，镇北二十七里平望镇，又四十五里吴江县界。”[42]

从上文得知，王江泾为运河主干道流经之地，通过运河，王江泾北接吴江与平望镇相通，南通嘉兴府。

（四）平望古镇水系

平望位于苏州吴江南部，处于江浙二省交界处。

“平望为江浙二省错壤及吴江震泽二邑分境处，其幅员广袤。坊巷联接，致宜详焉，亦列树分民之义也。”[43]

从文中可以看出，平望所处的地理位置较为特殊，并且地势低平而广阔，坊巷连在一起，人口稠密。平望幅员广袤，与莺脰湖、荻塘等水系构成水天一色之景象。平望之名也是因水而成。

元代人杨岚《寓平望城》："孤城三里近，一望水云平。棹破莺湖月，旗开雉尾城。烽麈卷暮色，铙吹沸涛声。何日安江左，秋风醉步兵。"[44]

诗文清晰地传达了平望古镇聚落的面积大小与地理环境特征。

"莺脰湖以形似莺脰，故名，俗传二莺相阋陷为湖，又名莺阋湖。其流有二，一自湖州霅溪，东来一支自乌青镇由澜溪东北来皆发源于天目山水，甚清澈分纳澜、车、黄、韭、穆五溪之水，潴而为湖。东西旁均吞吐枢要，四顾无高山大陵，苍然泽国风樯浪楫之，远来渔歌之乡答。盖一方之胜既也，分流为二：一泛漏风、洩水、泰通三桥，北驰而为后溪，出唐湖归太湖；一泛下湖、安德二桥北折为运河，又南折东汇为雪湖，俱归吴淞江。"[45]

从上文可知，莺脰湖因形似莺脰而得名，主要水源来自天目山水源霅溪、澜溪等，在低洼处聚水为湖。莺脰湖地理位置低平，四周没有高山，舟楫繁忙，渔歌唱响，有泽国之风范，为一方胜境。莺脰湖有两条分流河道，一条经过漏风、洩水、泰通三桥后，向北形成后溪，再出唐湖，汇入太湖；另一条流经下湖、安德二桥后向北折流为运河，然后向南折流汇入雪湖，最终汇入吴淞江。这里不仅说明了莺脰湖的水源关系、委水关系，还理清了莺脰湖与江南运河水系、吴淞江水系的关系。

"湖之周围环绕九圩，曰六镇……惟东面以土塘，土塘运河一名南塘，唐刺史王仲舒筑，自王泾至平望凡三十三里，抵下虹桥、水至桥，与莺脰湖之水合流。

西塘河即荻塘，又名頔塘。以此塘筑于頔也，宋庆历二年守臣以漕船受风涛之险，修頔塘通湖州凡九十里。西自南浔而东至平望凡五十三里，自梅堰而下五里为诸家铺，又五里漏风、洩水二桥界其侧而莺脰湖在焉；南接烂溪，西受麻溪，东纳穆溪，东北经太通桥，又东经安德桥出前溪，又泛后溪出长老桥合南塘之水为运河，其诸家铺塘路当荡水……”[46]

平望水文丰富，河道多而曲折，莺脰湖除了接霅溪、澜溪之水，还接受西来麻溪、东来穆溪等水系。除了莺脰湖之外，平望还受天目山之水源苕溪和霅溪之水，最终汇入雪湖。

前溪受苕、霅之水汇而为万家池，分而东为翁苏路，为战河，为石灰窑港；为舆平桥港，为城濠河，俱东流汇为雪湖。[47]

莺脰湖承受水源之时，也为其他河道提供源水。

“后溪当莺脰湖之湍，一由漏风桥，一由洩水桥西北出南泗港；一由太通桥过开泰，合鲞斯港，西北出长老桥为运河，其北驰为耕读村。西分韭溪，出太湖，又东分出唐家湖。”[48]

平望地理位置独特，位于江、浙二省交界处，平望的水系之丰富、水文环境之优越有利于水运，因此，平望可谓四通八达之地，可由霅溪西通湖州，由澜溪南通嘉兴，由运河北通吴江，由吴淞江东通华亭，通吴江、嘉兴。平望不仅远通都市，近还可通周边市镇——西通南浔，北接震泽，南接盛泽，通王江泾。

（五）浒墅关镇水系

“浒墅关管辖各港，通达远近河路。小宣大港离关八十里，东北通无锡等县官河，西南通太湖、宜兴等处大港。转水河港离关六十里，东通江阴、常熟等县各港，南通官河，西通太湖小宣等港，北通官河。放生池港，离关二十里，东南通黄埭、蠡口，分投各州县地方港口，西北通官河，柏渎大港离关六十里，东通江阴、常熟等县各港，南通官河，西通太湖小宣等港，北通官河。蠡口大港，离关三十里，北通常熟县等处地方，南至齐门。”[49]

浒墅关镇位于苏州城西南，紧贴运河，南临太湖，镇区内河网密布，港汊交错，东通江阴、常熟的各个港口，东北通无锡，南通太湖、宜兴等地的大型港口，东南通吴江。

（六）震泽古镇水系

震泽因太湖而得名，震泽为太湖的古称之一，历史上的震泽是一个市镇，清朝曾作为震泽县政府属地。震泽镇位于江苏省南部，江、浙两省交界处，北濒太湖，东靠麻漾，南壤铜罗，西与浙江南浔接界。震泽因濒临太湖，水源丰富，河湖密布，运河从镇中穿过，铸就天然的水道环境，震泽段运河为漕运提供了良好条件。古代水路交通发达，西通南浔，东通松江，南通乌镇，北通太湖。

“按震泽县地之从旧吴江分也，皆以水为界，其在城中，始自小东门，西行过太平桥，稍北过重庆桥，又西行稍北过城隍庙出治安桥，折而南过永定桥，又南行过三多桥，稍折而至西水门，凡地在水之东南者属吴江，在水之西北者属震泽。尽各得全城之半焉而城外之界，亦从雨门外之水而分其自西水门出折而南也，过子来桥至三天门履泰桥外，稍折而北进保安桥，入里河出江月桥为吴家港，达长桥之经河（乃古松江口也）折而西至顺受桥，从桥外折而南入菱草路约半里过中溆港，又西南过南溆港口，又三里为清水漾，过漾五里为牛茅墩，又三里为浪打穿，乃折而东北行进大浦港，过卜家蕱，又五里出八斥大浦桥，入运河，从运河南行二十三里过平望镇，进安德桥，出莺脰湖，入澜溪三十三里至溪东钱码头之斜港，凡地在两水门外至斜港之水之左而属吴江，其在右者皆为西而属震泽。吴江之地已尽于溪东钱码头，北之斜港震泽之地，在溪之西者，更自溪西，又南过狮虎桥，又西南至乌镇之北栅与湖州之乌程、嘉兴之桐乡接界。”[50]

从上文可以看出，震泽城内水域面积大，水网密集，水流向曲折，运河水既北接吴江，又南连平望，西通湖州乌程，西南连通嘉兴乌镇。

因水系发达，主干道荻塘运河从震泽聚落中穿过，水面阔而深，可通航大型货船。震泽曾经一度为湖州通往吴江、苏州、松江的交通要道，也是西线运河干道的必经之古镇。

（七）新塍镇水系

新塍镇位于嘉兴西北方向，又名新城，自唐宋元明沿用已久。

“新塍水自乌镇分水墩，一支东流数里入县境，又东约二十里至新城镇，又新城之西北，自澜溪分一支东流入之，又东至东塘汇，又东南至九里汇，又过大德塘桥，入石臼漾，东出栅堰桥抵郡城西北隅会运河，自新城至郡凡二十七里。”[51]

“（伊府志）其天目派自湖州来者入运河，东流为官塘河，经昇山塘合乌镇水入新塍塘，过石臼漾，合穆溪水入嘉兴之漕河。”[52]

“府城西北新城塘河远承苕溪、澜溪之水而来。”[53]

从以上三段文字记载可以看出，新塍水系一是承接乌镇来水，向东二十里抵达新城，同时承澜溪支流之水，至新城后汇入石臼漾，由石臼漾流过栅堰桥抵达嘉兴西北与运河交汇，而从新塍到嘉兴府城由二十七里。

“新塍镇东北至秀吴桥，南至陡门塘，西南至分乡港、秀桐桥，北至澜溪，西北至三界庙。东南至嘉兴府城二十七里；东北至王江泾三十里；南至濮院镇二十七里；西南至乌青镇二十七里，至后珠村十三里；西北至震泽镇三十六里，至南浔镇四十五里，至严墓村十八里；北至盛泽镇三十里，至檀邱二十里，至平望驿四十五里，至吴江县九十里。”[54]

文中明确了新塍的方位，以及至周边府郡、市镇的距离。这里的交通距离指的是水路。嘉兴城在新塍镇的东南方向，距离二十七里；王江泾在新塍的东北方向，距离三十里；濮院在新塍的南方，距离二十七里；乌镇在新塍的西南方向，距离二十七里；震泽在新塍的西北方向，距离三十六里；南浔在新塍的西方，距离四十五里；盛泽、平望、吴江在新塍的北方，分别距离三十里、四十五里、九十里。从地理位置上看，新塍的水路交通相当发达，不管去往城市还是市镇都相当方便，出行可以转接运河，通达四方，远可乘运河之水通江苏吴江、震泽、平

望、盛泽镇，近可由水网抵达嘉兴府城、王江泾、濮院、乌青、南浔。

（八）乌镇水系

“乌青镇，原二镇皆仙迹，乌属程，青属桐。大户繁百工之属，无所不备。”[55]

乌镇古称乌墩、乌戍。历史上乌镇位于湖州境内，青镇位于嘉兴境内。乌镇与青镇以一河相隔，夹河相望。中华人民共和国成立后，乌、青两镇合并，称为乌镇，属嘉兴市桐乡市管辖。乌镇与青镇虽隔河相望，发展却有所不同。

“青镇与湖郡所辖之乌镇夹溪相对，民物蕃阜，第宅、园林、池盛于他镇，宋南渡后士大夫多卜居其地……”[56]

上文不仅点明了青镇与乌镇的地理位置与环境关系，还强调了青镇物产丰富，第宅、园林、池沼景观与其他市镇相比较为兴盛，青镇还是宋室南渡后士大夫的寓居之地。

“乌镇与桐乡之青镇东西相望，升平既久。户口日繁十里以内，民居相接，烟火万家。而两镇之四栅八隅为江浙二省湖嘉苏三府，乌程、归安、石门、桐乡、秀水、吴江、震泽七县错壤地，百货并集。”[57]

乌镇聚落，十里之内皆是住户，民居鳞次栉比，相互接应。乌镇、青镇街区划分为四栅八隅，为江苏、浙江两省，湖州、嘉兴、苏州三府，乌程、归安、石门、秀水、桐乡、吴江、震泽七县交界处，可见地理位置优越，来自四面八方的货物通过水路运输至此。

“镇水发源于天目山之咸险潭，历苕霅二溪自涵山东流，其在西栅者一股由通湖桥而北达南浔，迤太湖一股由通济桥而北绕出太师桥，由澜溪入平望；一股东流入仁济桥直贯市河至安利桥，市河南来之水合流而北；一股由宋家桥绕出梯云桥，经北栅入澜溪，其在南栅者一股由古山而北入栅子桥至市折而东，一股由吴桥过嵇家汇折而北入市河，一股入福昌桥达东栅通嘉兴；一股由嵇家汇而来，合石门南来之水，东走陈庄镇之水来自西南，去往东北，先朝市河最涧且深，能容西南两道之流，故水脈萦绕二镇，民物阜繁，所从来矣。”[58]

上文清晰地说明乌镇水源来自天目山之水，经过苕溪、霅溪后由涵山向东流，在乌镇分为六股河流，经过不同地段，分别流向南浔、平望、嘉兴等地。并且纳苕溪、霅溪等西南、南来之水入市河，形成丰富的水系，并萦绕乌、青二镇，二镇也因此物产丰富、商业繁荣。

“乌镇市达纵七里、横四里，青镇纵同横半之，设有四门，南曰南昌，至省城一百六十里，东南至桐乡县二十七里，西南至石门县四十八里，北曰澄江。至吴江县一百二十里，至苏州府一百六十里，至京师三千七百里；东曰朝宗，至嘉兴府五十四里；西曰通霅，至湖州府九十里，自四门外数十里……”[59]

从占地面积来看，乌镇稍大于青镇，是传统上以商业贸易为主的市镇，位于嘉湖两地的交界地，可直通桐乡、吴江、嘉兴、湖州，近可达石门、新塍、濮院、南浔、新市、练市等。发达的水路交通造就了乌镇人文荟萃、贸易繁荣的景象。

（九）新市古镇水系

“镇名本新市，而又曰仙潭，谓潭为仙所隐也。神仙之事其有无不可知然。”[60]

“仙潭，在德清县东南新市镇。隋道士陆修静，尝自此潭没数月乃出，故以为名。”[61]

新市，古称仙潭，因水成市，因水得名。关于“仙潭”最早的文字记载，见于南宋嘉泰《吴兴志》上所引载的《旧记》《统纪》的史料。

仙潭因水而得名，溪流、河漾形成秀气形胜之景。著名的河道有洋溪（又名漾溪）、市河、三潭、东栅漾、西栅漾、蔡家漾，吴兴漾、师姑塘、九井等。洋溪在西栅外鬼溪之水北流至湖，与霅溪交汇后形成洼地，而后东流与洛舍漾、苧溪漾汇合，流径新市西栅，转向东北

汇入湖域，流入太湖为止，洋溪是新市连接太湖的主要河道。新市所处的位置历史上为草荡，经过人工不断疏浚，形成水衔并行、舟楫往来频繁的水乡景观。市河是贯穿新市古镇聚落内的主要河道，市河也是最为繁忙的地方。

因地理环境的关系，三潭分布在新市古镇聚落的不同方向。如果以桥为参照，分别为通济桥下为一潭、通仙桥下为一潭、东漾桥下为一潭。

新市古镇的水系发达，形成三潭、九井、十八块（被河道分割），三十六条弄、七十二座桥。新市位于江南运河浙江段中线，其优越的地理位置，使其持续发展且繁荣，后发展为丝织业重镇。

明正德《新市镇志》载："平畴四衍，桑稻有连接之饶，晓市竞开，舟车无间断之隙，诚一邑之禾穰，四贩之通道也。"新市的发展与人文兴盛离不开运河和发达的水系环境。

刘仲景在《过新市》一文中这样描述："泽国鱼盐一万家，从来人物盛繁华。青衫云鬟能摇橹，白苧冰肌解踏车。比屋傍河开市肆，疏苗盈野间桑麻。吴歈一曲随风度，荡漾湖光映晚霞。"其中"泽国"是对水多之地的一种称谓，而文中摇橹、傍河、湖光等词语映射出河、湖等水生态环境。诗文中几乎每一句都与水有关，可见新市的水道之发达，农业、商业之繁荣。

（十）黎里古镇水系

黎里古镇属于江苏吴江辖区，是由村落发展起来的。宋时为村，元始成聚落，明成化、弘治年间（1465—1505 年），黎里发展为吴江巨镇；清宣统年间（1909—1911 年），黎里为江南九镇之一。

黎里被湖泊、河荡围绕，发源于太湖东部的太浦河从黎里古镇北面流过，沿途沟通了运河及多条水系，并在低洼处汇聚为湖、荡，如汾湖、寺后荡等。太浦河在黎里的分支连通黎里市河黎川。市河由杨家荡东流，经牛头湖至街市区以后，分三支。向北一支经清风桥、城隍庙、禊湖流入太浦河，一支向南经囡团荡、西大港流入陆家荡，向东一支经小官荡、榄桥荡，至木瓜荡汇入太浦河。

镇区另一部分水源自浙江天目山，由西向东，经平望莺脰湖、雪湖，到黎里经与平望交界的杨家荡、牛斗湖，从望平桥进入市河黎川。境内河道纵横，湖荡密布，河道、湖荡与溇、浜、池、潭等构成稠密的水道网络。由于黎里古镇承受两个水源，水系相当发达，并且太浦河、横六港这两条水系与江南运河相连，水路交通发达。

黎里古镇聚落的形成与发展离不开发达的水网与江南运河，其地理位置优越，南接嘉兴、北通苏州、东通上海、西临吴江，通运河、达太湖。发达的水系连通周边市镇，如东通西塘，南接盛泽望、王江泾，西通平望、震泽，北通同里。

（十一）同里古镇水系

宋代，同里设置镇的建制。同里虽然不直接与运河相连，但位于太湖东缘，河网交织，湖荡密集，因此，古镇聚落中的河道分布也较为集中，水路交通相当发达。在历史发展过程中，同里几经易名。

据清嘉庆《同里志》载："同里在宋元间，民物丰阜，商贩耕集，百工之事咸具。园池亭榭，声技歌舞，冠绝一时。"[62]

"今名同里，唐初名铜，宋改为同，加'里'者，尔雅里邑也，故与乡通训，铜同为音同。"[63]

通过同里名字变更的过程可以窥见同里建镇历史之悠久。"则同里之名已见于明矣。" 昔日，流经同里的市河构成川字形，故同里又名同川。

"同里去吴江县城十里，四面皆湖，东为同里湖，南为叶泽湖，西为龙山湖，北为九里湖。同里镇在诸湖之中，地方五六里，局面数千户，镇内镇外，河汊分歧，开门不见山而见水，船行颇便，农灌更宜，地平衍沃，高阜未见……"[64]

“因镇中小江分歧，众流交叉，故有二特色：一曰桥梁多，二曰水栅重……然同里桥梁之数，以地方积比例之，较苏州更多，今较著者约五十余。每行四五十步，则必有一桥。而桥梁之修举，为本市政中最重要之事。水栅所以困卫盗窃，各港口皆设之。”[65]

同里距离吴江县城十里，四面被湖沼环绕，地势低平，镇内外的大小河流交织，民居临水而构，乘水道之便，益于农业灌溉。镇内河流众多，纵横交叉，因此桥梁多、水栅多。从区域地理位置上看，同里位于苏州吴江区，宋代建镇。同里镇境内有大小河道近三百条、大小湖荡约二十个。同里古镇位于江南运河东面，大窑港河将同里与江南运河连接起来。同里属太湖水系，进入同里的客水主要是太湖来水。太湖来水分西、北两路进入同里境内，西由江南运河，主要经七港河、方尖港、大窑港、通井圩港、潘河港、王家浜进入同里境内。北由吴淞江，主要经长纤路、张塔港、乌浦港、后浜、竖头港、圣堂港进入同里境内。来水过境同里后，分东、南两路出境，东路经白蚬湖注入淀山湖，南路由南星湖经牛长泾注入太浦河。大窑港河水源地为太湖及东南沿岸地区，吴家港由南向北贯穿，发源于东太湖的三船路港，十字交汇后向北，再向东与江南古运河交汇，形成大窑港，而后向东经同里古镇，在镇北面形成东北流向，再转弯向东南汇入同里湖，大窑港河形成两面包夹同里古镇聚落的局面，南来长牵路河道支流清源河横亘于同里古镇南面，与大窑港河交汇后汇入同里，西面则有西南来水大燕港纵贯，与东西走向的大窑港河交汇后向北流去。这些河道形成屏障，而且在以河道为主要交通要道的古代，也为古镇经济发展、文化交流提供了保障，使其人文兴盛、学风浓厚。同里镇自宋淳祐四年至清末，先后出状元一名、进士四十二名、文武举人九十余名。著名人物有明代造园家计成，辛亥革命风云人物、爱国诗人陈去病等。今天的同里古镇聚落不乏明清宅第，园林保存完好，如崇本堂、嘉荫堂、耕乐堂、崇雅堂、世德堂，著名的园林有退思园。

注释

[1] 司马迁 . 资治通鉴：三卷 [M]. 长沙：岳麓书社，2008：356.
[2] 金友理 . 太湖备考 [M]. 南京：江苏古籍出版社，1998：34.
[3] 金友理 . 太湖备考 [M]. 南京：江苏古籍出版社，1998：34.
[4] 金友理 . 太湖备考 [M]. 南京：江苏古籍出版社，1998：34.
[5] 尔雅 [M]. 管锡华，译注 . 北京：中华书局，2014：422.
[6] 祝穆，祝洙 . 方舆胜览：上 [M]. 施和金，点校 . 北京：中华书局，2003：76.
[7] 尔雅 [M]. 管锡华，译注 . 北京：中华书局，2014：422.
[8] 金友理 . 太湖备考 [M]. 南京：江苏古籍出版社，1998：34.
[9] 金友理 . 太湖备考 [M]. 南京：江苏古籍出版社，1998：33-35.
[10] 金友理 . 太湖备考 [M]. 南京：江苏古籍出版社，1998：33-35.
[11] 金友理 . 太湖备考 [M]. 南京：江苏古籍出版社，1998：33-34.
[12] 中国大百科全书总编辑委员会《水利》编辑委员会 . 中国大百科全书：水利 [M]. 中国大百科全书出版社，1992：432.
[13] 王凤生 . 浙西水利备考 [M]. 道光甲申孟夏刻本影印 .
[14] 金友理 . 太湖备考 [M]. 南京：江苏古籍出版社，1998：43-44.
[15] 金友理 . 太湖备考 [M]. 南京：江苏古籍出版社，1998：44.
[16] 金友理 . 太湖备考 [M]. 南京：江苏古籍出版社，1998：44.
[17] 中国大百科全书总编辑委员会《水利》编辑委员会 . 中国百科全书：水利 [M]. 北京：中国大百科全书出版社，1992：434.
[18] 金友理 . 太湖备考 [M]. 南京：江苏古籍出版社，1998：40.
[19] 司马迁 . 资治通鉴：三卷 [M]. 长沙：岳麓书社，2008：356.
[20] 佚名 . 丹徒县志：五卷 [M]// 南京图书馆馆藏稀见方志集刊：50. 北京：国家图书馆出版社，2011：280.
[21] 佚名 . 丹徒县志：五卷 [M]// 南京图书馆馆藏稀见方志集刊：50. 北京：国家图书馆出版社，2011：296.
[22] 佚名 . 丹徒县志：五卷 [M]// 南京图书馆馆藏稀见方志集刊：50. 北京：国家图书馆出版社，2011：283.
[23] 刘广生，唐鹤徵 . 重修常州府志二十卷：卷一——四 . 明万历四十六年（1618）刻本 [M]// 南京图书馆稀见方志集刊：55. 北京：国家图书馆出版社，2011：145.
[24] 刘广生，唐鹤徵 . 重修常州府志二十卷：卷一——四 . 明万历四十六年（1618）刻本 [M]// 南京图书馆稀见方志集刊：55. 北京：国家图书馆出版社，2011：153.
[25] 刘广生，唐鹤徵 . 重修常州府志二十卷：卷一——四 . 明万历四十六年（1618）刻本 [M]// 南京图书馆稀见方志集刊：55. 北京：国家图书馆出版社，2011：154.
[26] 赵世延，揭傒斯，等 . 大元海运记 [M]// 续修四库全书：835：史部政书类 . 上海：上海古籍出版社，2003.527.
[27] 浙江水利文化研究教育中心 . 浙江河道记及图说 [M]. 北京：中国水利水电出版社，2014：263.
[28] 王凤生 . 浙西水利备考 [M]. 道光甲申孟夏刻本影印 .
[29] 浙江水利文化研究教育中心 . 浙江河道记及图说 [M]. 北京：中国水利水电出版社，2014：263.
[30] 浙江水利文化研究教育中心 . 浙江河道记及图说 [M]. 北京：中国水利水电出版社，2014：263.
[31] 浙江水文化研究教育中心 . 浙江河道记及图说 [M]. 北京：中国水利水电出版社，2014：1.
[32] 浙江水文化研究教育中心 . 浙江河道记及图说 [M]. 北京：中国水利水电出版社，2014：10.
[33] 浙江水文化研究教育中心 . 浙江河道记及图说 [M]. 北京：中国水利水电出版社，2014：11.

[34] 浙江水文化研究教育中心．浙江河道记及图说 [M]. 北京：中国水利水电出版社，2014：1.
[35] 王凤生．浙西水利备考 [M]. 道光甲申孟夏刻板影印．
[36] 浙江水文化研究教育中心．浙江河道记及图说 [M]. 北京：中国水利水电出版社，2014：6.
[37] 金淮，濮鐄．濮川所闻记 [M]// 中国地方志集成：乡镇志专辑：21. 上海：上海书店，1992：222.
[38] 金淮，濮鐄．濮川所闻记 [M]// 中国地方志集成：乡镇志专辑：21. 上海：上海书店，1992：223.
[39] 周庆云．南浔志 [M]// 中国地方志集成：乡镇志专辑：21. 上海：上海书店，1992：35.
[40] 周庆云．南浔志 [M]// 中国地方志集成：乡镇志专辑：21. 上海：上海书店，1992：13.
[41] 唐佩金．闻湖志稿 [M]// 中国地方志集成：乡镇志专辑：19. 上海：上海书店，1992：574.
[42] 唐佩金．闻湖志稿 [M]// 中国地方志集成：乡镇志专辑：19. 上海：上海书店，1992：570.
[43] 里人公．平望镇志 [M]. 西郊草堂抄本 // 上海图书馆藏稀见地方志集刊：63. 北京：国家图书馆出版社，2011：577.
[44] 里人公．平望镇志 [M]. 西郊草堂抄本 // 上海图书馆藏稀见地方志集刊：63. 北京：国家图书馆出版社，2011：584.
[45] 里人公．平望镇志 [M]. 西郊草堂抄本 // 上海图书馆藏稀见地方志集刊：63. 北京：国家图书馆出版社，2011：584-585.
[46] 里人公．平望镇志 [M]. 西郊草堂抄本 // 上海图书馆藏稀见地方志集刊：63. 北京：国家图书馆出版社，2011：595-596.
[47] 里人公．平望镇志 [M]. 西郊草堂抄本 // 上海图书馆藏稀见地方志集刊：63. 北京：国家图书馆出版社，2011：597.
[48] 里人公．平望镇志 [M]. 西郊草堂抄本 // 上海图书馆藏稀见地方志集刊：63. 北京：国家图书馆出版社，2011：597.
[49] 张裕．浒墅关志 [M]．民国影抄明嘉靖十六年（1573）刻本 // 上海图书馆藏稀见地方志集刊：63. 北京：国家图书馆出版社，2011：322-323.
[50] 吴江区档案局，吴江区地方志办．震泽县志：上 [M]. 扬州：广陵书社，2016：38.
[51] 郑凤锵．新塍琐志 [M]// 中国地方志集成：乡镇志专辑：18. 上海：上海书店，1992：766.
[52] 郑凤锵．新塍琐志 [M]// 中国地方志集成：乡镇志专辑：18. 上海：上海书店，1992：766.
[53] 郑凤锵．新塍琐志 [M]// 中国地方志集成：乡镇志专辑：18. 上海：上海书店，1992：766.
[54] 郑凤锵．新塍琐志 [M]// 中国地方志集成：乡镇志专辑：18. 上海：上海书店，1992：765.
[55] 卢学溥．乌青镇志 [M]// 中国地方志集成：乡镇志专辑：23. 上海：上海书店，1992：101-102.
[56] 董世宁．重修乌青镇志：上：卷二之形势 [M]. 民国刻本影印．
[57] 卢学溥．乌青镇志 [M]// 中国地方志集成：乡镇志专辑：23. 上海：上海书店，1992：102.
[58] 董世宁．重修乌青镇志：上：卷二之水利 [M]. 民国刻本影印．
[59] 卢学溥．乌青镇志 [M]// 中国地方志集成：乡镇志专辑：23[M]. 上海：上海书店，1992：87.
[60] 陈霆．仙潭志：卷一 [M]. 清抄本．
[61] 陈霆．仙潭志：卷一 [M]. 清抄本．
[62] 同里镇志编纂委员会．同里镇志 [M]. 扬州：广陵书社，2019：29.
[63] 吴江通志 [EB/OL].http：//www.wujiangtong.com/fzg/webPage/FZG_Book.aspx?id=100
[64] 钱小云．吴江同里杂记 [J]. 国风半月刊 .1934(3)：44-45.
[65] 钱小云．吴江同里杂记 [J]. 国风半月刊 .1934(3)：44-45.

第三章 江南运河古镇聚落的水文化

水是人类赖以生存的基础，水是江南运河古镇聚落的重要构成部分，水是江南运河市镇聚落生命持续的根脉，人们的一切生产生活活动都离不开水。在人们长期与水相处、依水而居的过程中形成了丰富的水文化。在陆路交通不发达的过去，人与人的交流，人与社会的交流，人与外面世界的沟通均借助水开展，古镇的居民能走多远是由水道的发达与否决定的。短距离的农业耕作，运送农作物、肥料等以水道为主，长距离的海外丝绸贸易也以水道为主，从古镇走向出海口，再迈向世界。除此之外，水还与市镇居民生活习俗的形成息息相关，婚丧嫁娶均以船为交通工具，人们祈祷与庆祝丰收离不开水，可以说水是古镇聚落的灵魂，没有水，江南运河古镇也会黯然失色。

第一节 水与航运文化

江南运河的航运史是随着运河的开挖构建而并行发展的。据史料记载，江南第一条运河为胥河，位于长江以南，江苏境内，连接固城河和荆溪，东通太湖，北达长江。胥河又称堰渎、胥溪。是春秋时期吴国开凿的第一条人工运河。当时列国争霸，纷争不断，吴国为了与楚国争霸，开凿胥河主要用于运送粮食。但开凿胥河的意义不止于此，因为胥河将吴国都城姑苏与长江水道连通，在满足粮食运输需求的同时，战争期间也是运送军用物资的通道，由此，吴国便可以与楚国相抗衡。而吴国并不满足于现状，为了向南拓展疆域，疏通了姑苏到钱塘江的水道，名叫百尺渎，这条河由苏州向南，经过吴江、平望、嘉兴、崇德，在距离海宁 20 千米的盐官镇西南的河庄侧入钱塘江。当时的越国定都钱塘江南岸的会稽，与吴国形成对峙局面，百尺渎的开凿拉近了吴越的距离，越国也是借助这条运河一路北上打败了吴国。在春秋战国时期，百尺渎主要用于运输战争物资，虽为吴国开凿，但也为越国提供了便利。而后吴王夫差为了报复越国，命伍子胥开凿一条从太湖通达东海的运河，名叫胥浦。公元前 495 年，胥浦开通，“伍子胥在自然河道的基础上开凿的胥浦自太湖向东延伸，经今澄湖、白蚬湖、淀泖湖群，再穿行于浙江嘉善与上海金山之间，最后止于杭州湾钱塘江入海处”。[1]

古江南河位于江苏境内，连接苏州至长江的这段河道，是江南运河的一部分，经无锡、常州、江阴，与长江相接，通达长江北岸的扬州。水出吴都平门（今江苏苏州平门），西北行，穿巢湖（今漕湖），过梅亭（今江苏无锡东南梅村），入杨湖（今江苏常州、无锡之间）、

出渔浦（今江苏江阴利港），入长江而抵广陵（今江苏扬州蜀岗）。在春秋时期吴国修建的诸多人工运河之中，江南河与百尺渎恰巧是南北走向，连接苏州，通达南北方，曾经作为战略交通要道使用。但随着时代更替，隋炀帝杨广下令将江南运河疏通，自江苏镇江至浙江余杭，可通龙舟。不但运送粮秣，同时还是江南北上的主要通道，尤其是隋代沟通大运河后，江南河的职能也随之扩大，在发挥较大的漕运价值同时，也是南北交通的大动脉，带动了运河沿岸城镇经济的发展，明中期江南地区资本主义经济萌芽离不开江南运河畅通发达的水道，古镇聚落的发展与壮大也离不开江南运河，正是因为运河的疏通才得以形成了独特的漕运、商运及客运文化。

一、漕运

漕，以水转谷也。“以水转谷”，即通过水道转运粮食，将征自田赋的部分粮食转运至京师或指定的地方，以供朝廷消费，用作百官俸禄、军饷和民食调剂。这种粮食称为漕粮。漕粮运输称为漕运，运输粮食的运河被称为漕河。漕运分为河运、水陆递运和海运三种，狭义的漕运指通过自然河道或运河转运漕粮。自大运河凿通以后，漕运主要通过大运河实现。漕运是中国历史上一项重要的经济措施。用今天的话来说，它是利用水道（河道和海道）调运粮食（主要是公粮）的一种专业运输方式。春秋末期，吴越战争频仍，形成争霸局面。“在争霸战争中，邗沟、胥河、百尺渎等地的漕运发挥了巨大的作用，双方都利用运河运输军队和物资。百尺渎南连钱塘（今浙江杭州），北连姑苏（今江苏苏州）。”[2] 事实上，百尺渎最初构建的目的是为了运送粮食，见《越绝书》：“百尺渎，奏江，吴以达粮。”[3] 其中的江是指钱塘江。这里记录了几条信息：首先，百尺渎是一条以吴地为核心区域往南开通的渠道；其次，构建漕渠的初衷是为了运送粮食；

再次，最初是由吴国主持开凿的，也就是吴国为了运送粮食而开通了百尺渎。[4] 百尺渎是江南运河主干河道，对沟通南北、南粮北运发挥了重要作用。明末清初大儒朱彝尊《曝书亭集》卷十七中载："国家岁转漕，每船六百石，官舱计所储，为斛千二百。其初由海运，险越虎蛟脊，波涛恒簸荡，日月互跳掷。所以造舟时，不复算寻尺，入明改从河，水次尽置驿……"从江南到京城的漕运路线主要有两条，一是海运，二是河运，在明以前以海运为多，明初开始转为河运，河运主要是走京杭大运河，江南曾经是粮仓，同时福建北上的贡粮到了浙北转走运河。尤其是杭嘉湖平原是重要的粮食生产基地，"东南赋税莫重于嘉湖苏淞，而以善邑为尤甚，一害于宋元之官田，再益于嘉秀之嵌出……"[5] 另据《宋书》记载："江南之为国盛矣。地广野丰，民勤本业，一岁或稔，则数郡忘饥。渔盐杞梓之利，充牣八方，丝锦布帛之饶，覆衣天下。" 意思是，（南朝的时候）江南地区土地广袤，田野丰富，人们勤恳劳作，安分守己。一年有一次收成，则数个城市不会挨饿。自春秋时期，吴、越两国在太湖流域低洼沼泽地带筑堤造田，具体方法是在浅水沼泽地带或河湖、淤滩上围堤筑坝，把田围在中间，把水挡在堤外；圩内开沟渠，设涵闸，有排有灌。圩堤多为封闭式，亦有两端适应地势的非封闭式。通过圩田种植水稻等农作物，可以提高产量，是一种高效的复合农业生产模式。"嘉禾在吴之壤最腴。故嘉禾一穰，江淮为之康；嘉禾一歉，江淮为之俭。"[6] 因地制宜的圩田种植技术也因此使嘉兴地区成为天下粮仓，今天的王店古镇、王江泾古镇仍然有 20 世纪 50 年代专门存放粮食的仓库群建筑，且这些建筑群离主干河道不远。作为天下粮仓，苏常杭嘉湖地区生产的一部分粮食作为赋税交至国家粮仓，军粮一般通过运河运输，商粮一般通过海运运输。因此，粮食的丰收也带来了漕运业的发展。光绪《重修嘉善县志》卷十二《漕运》载："清朝浙省运船一千二百零八只，本县额派绍前帮六十四只，绍后帮二十五只，杭之帮五只，嘉白帮十四只，

共一百零八只。每船原装正米四百石，其支给行月梁及漕截等银皆有定例。”漕运除了运送粮食，还运送布匹、丝织品、瓷器、砖瓦、水果、茶叶等。乘漕运之便，江南运河沿线的古镇发展了手工业经济，尤其以锦、绸、帛、棉、纱等纺织品为主。

二、商运

“……然桑林遍野，蚕丝绵纻之所出，四方咸取给焉。虽秦、晋、燕、周大贾，不远数千里而求罗绮缯帛者，必走浙之东也。”[7] 江南运河的疏通为江南地区的经济发展、文化兴盛、农业繁荣提供了保障，京杭大运河的沟通则使江南运河沿岸市镇生产的物资送往全国各地，乃至海外。江南运河古镇以盛产丝织品而发展起了手工业市镇，如濮院，其盛产濮稠，曾日出万稠，吸引了八方商贾云集。《濮院志》卷十四《农工商》载：“南宋淳熙以后，濮氏经营蚕织，轻纨纤素，日工万元。濮明之立四大牙行，收织机产，远商云集，遂有永乐市之名。明隆万间，改土机为纱绸，制造绝工，濮稠之名，随著远近。”通过这段文字可以得知三个方面的信息：一是稠工艺改进后，制做出的濮稠精妙绝伦；二是在南宋淳熙之后濮稠远近闻名；三是四面八方的商贾云集于濮院进行濮稠贸易。至清乾隆时期，濮稠市场保有量大，至道光十年后渐趋衰落。但在宋淳祐至清末长达几百年的发展中，濮稠不断改进，工艺技术逐渐精湛，因此，濮院有“衣被天下”之称。江南运河市镇有不同的手工业发展方向，王江泾盛产棉布，乌镇盛产锦，新市以养蚕为主，南浔以辑里丝生产和贸易著称，盛泽是传统丝绸重镇。江南运河市镇手工业经济发展离不开江南运河提供的便利交通，“盖嘉湖泽国，商贾舟航易通各省，而湖多一蚕，是每年两有秋也……”[8] 通过江南运河，实现了对外交流，吸引了南来北往的客商，同时加工的产品通过江南运河东达大海；通过与江南运河连通的长江，物产被运送至江淮地区，又通过大运河被输送到北方乃至更远的地方。

江南运河古镇对外大宗商品贸易主要以粮食和丝织品为主，尤其是丝织品闻名海内外。丝织品是江南运河区域主要的经济支柱产业。著名的丝织品有南浔辑里丝，辑里丝是制作龙袍的御用丝料，苏州、杭州有经济实力的人也都以辑里丝为主要原料制作衣服。辑里丝属于湖丝的一种，具有丝细、圆、匀、坚、白、净、柔、韧等特点，为江南丝之上品，并于 1851 年在英国伦敦举办的万国博览会上夺得金奖。每年小满之日必出新丝，市镇丝行鳞次栉比，商贾云集，周边乡村丝户将新丝带至丝市，被商贩收集至市镇的商贾手里，再由商贾通过古运河荻塘、经由江南运河、入长江运转倒上海的商人手里，再转海运运送至欧美。辑里丝通过运河通江达海，流向欧美市场，颇受消费者青睐。湖丝因丝细、白净、柔韧，是制造绢、纱、绫、绵绸、大环绵、锦缎的最佳选择。因此，湖丝曾远销全国各地，尤其以福建商人购买湖丝为最多。“闽省客商赴浙江湖州一带买丝，用银三四十万至四五十万两不等。至于广商买丝银两动至百万，少亦不下八九十万两，此外苏杭二处走广商人贩入广省尚不知凡几。”[9] 文中明确了闽商、广商购买湖丝数量较大，说明湖丝在福建、广东一带受欢迎程度较高，甚至苏州、杭州商人也贩卖湖丝至广东。湖丝对外贸易与独特的地理环境不无关系。正是发达的水路交通，成就了大批丝绸商人，这批商人以上海为商业活动中心，以血缘、地缘、业缘为联结纽带，形成了兼具传统和近代商业文明特色的区域性商帮集团。其财富积累富可敌国，曾经流行“湖州一个城，不及南浔半个镇”的说法。尤其清中期之后，经营丝织业致巨富者资金达千百万两，其中“四象八牛七十二只狗者，皆资本较雄厚，或自为丝通事，或有近亲为丝通事者也。财产达百万以上者曰象，五十万以上不超过百万者称之曰牛，其在三十万以上不过五十万者则譬之曰狗”。[10] 可见清中后期，丝织业贸易空前繁荣。而经济的繁荣发展，势必带来文化交流。这一切均离

不开江南运河及丰富而发达的水网系统。丝织业商品贸易繁荣之时，大航船来往于市镇与市镇、市镇与都市之间是较为常见的（表 3-1）。

水上航运发展与百姓生活息息相关，江南运河古镇聚落形成了陆市与水市贸易并行发展的局面。尤其是杭嘉湖平原的古镇形成了“船中办商铺，水上有市场”的独特习俗。由于市镇处于水道汇集之地，人们利用天然的地理优势进行水上交易是自然而然的。范锴《浔溪记事》诗云：“十里桑阴水市通”，点明了南浔的水市盛况。粮食贸易、丝织业是水市的主要构成部分，同时各种各样的手工业产品、盐、水果等也是水市交易的一部分，其中最为突出的一个现象是织里镇的贩书船来往于江南地区乃至各个市镇，书市异常繁荣，这与江南运河市镇居民崇尚文教有一定的关系。在商业繁荣发展的同时，生活于江南运河市镇的居民通过读书实现入仕、成为文人的愿望。江南运河市镇曾经科举之风盛行，走出不少文人，如朱彝尊、丰子恺、柳亚子等，这些人均出自名门望族，家庭经济实力雄厚，而这与商品经济贸易发展有着直接的联系。

表 3-1　大航船一览表

上海	十日一班	苏州	七日一班
硖石	每日一班	双林	每日一班
南浔	每日一班	嘉兴	隔日一班
湖州	每日一班	琏市	每日一班
桐乡	每日一班	新市	隔日一班
崇德	隔日一班	震泽	每日一班
杭州	四日一班	海宁	每日一班
新塍	每日一班	盛泽	隔日一班

改绘自：卢学溥 . 民国：乌青镇志：卷二十一 [M]// 陈学文 . 嘉兴府城镇经济史料类纂，1989：342.

三、客运

水路发达的江南地区，船不但是进行商业贸易的主要媒介，同时也是居民日常出行的主要交通工具。近则可以摇自家的乌篷船赶集、走亲访友，相当于今天自驾私家车出行，方便、快捷；远则需乘坐客船或搭顺风商船出行。江南运河流域的都市一般都有客船相通，都市与市镇、市镇与市镇又有直达或过路的客船通航，相比山路重重的山区地带，水上出行方便许多。从史料记载来看，明代江南客运交通相当发达，不但开有日船航班，还设有夜航船。以湖州府为例："湖州府四门夜船至各处：东门夜船七十里至震泽，又夜船一百三十里至苏州灭渡桥，至南浔六十里，南去嘉兴府至乌镇九十里，至练市七十里，至新市八十里，至双林五十里。西门夜船至浩溪、梅溪并九十里……南门夜船至瓶窑一百四十里，至武康县一百七十里，至山桥埠德清县并九十里。南门夜船三十六里至龙湖，又三十六里至改山，又二十里至武林港（北五里至塘栖），南五十里至北新关，二十里至杭州府。"[11]从上文可以看出三方面的航运信息：第一，是可通达都市，湖州府发出的夜船可北达苏州，东达嘉兴，南抵杭州；第二，是可通达周边市镇，除了湖州府管辖下的市镇，如南浔、练市、双林、新市等，还可以通管辖区以外的市镇，如震泽、瓶窑、塘栖等；第三，市镇大多在通往都市的航线上，且有一部分与运河相连，如通往苏州的航线，经过南浔、震泽，这条运河名为頔塘，与江南古运河（京杭大运河）相通；第四，可以看出发达的水系为水上客运提供了便利。

除了直达、顺路的便利客运交通，还有连环贯通的转乘客运航线。以苏州经由湖州至孝丰县的水路为例："阊门（新门河搭湖州夜航船每人与银 2 分，50 里）—吴江县（40 里）—平望（12 里）—梅堰（18 里—双阳桥（6 里）—震泽（12 里）—南浔（换船每人与银 8 厘，12 里）—动迁（15 里）—旧馆（18 里）—深山（9 里）—八里店（8 里）—湖

州府（西门外搭夜航船每人与银1分9厘）—杨家庄（9里至）—严家坟（西北往四安，9里）—潘店（9里）—木灰山（9里）—下严渡（18里）—吴山湾（9里）—小溪口（9里）—金湾（9里）—梅溪（起旱30里）—安吉州（10里）—三馆远（10里）—沿干（远5里）—白庙（15里）—孝丰县。”[12] 通过以上路线可知从苏州到湖州孝丰县需要换乘两次客船，转乘方便。除了都市与都市、都市与县城的客运航线，还可通村落。同治《湖州府志》卷三十三载：“航船，东至上海、嘉兴，西至四安梅溪，南至杭州，北至苏州及各县乡村镇皆有之。”除此之外，市镇与市镇之间也有专门的客运航船。以乌镇为例，乌镇处于嘉、湖、苏三地区交界之处，人口稠密，交通便利。民国《乌青镇志》卷二十一《工商》载 ：“市集为繁盛全恃交通之便利，吾镇无铁路公路之通达，但轮舟往来及快慢船旧式航船逐日来往各埠。”从以上文字可知，乌镇水路交通便利，往来要道，通达四面八方。周边市镇开出的快船有每日一次、隔日一次，也有经过乌镇趁客傍岸的（表3-2）。

表3-2　快船一览表

船别	经过地点	本镇停泊埠头	班次
王店船	濮院	印家桥塊	每日一次
湖州船	马腰、横街	同上	同上
震泽船	严墓	二井桥	同上
湖州船	双林、琏市	同上	同上
嘉兴船	新塍、琏市	同上	同上
塘栖船	新市、琏市	同上	同上
南浔船	乌镇、炉头、桐乡、屠甸镇、硖石	宫桥北	一来一往
长安船	南浔、乌镇、炉头、石湾、崇德	经过乌镇不停趁客傍岸	每日来往
桐乡船	炉头	浮滥桥塊	同上
崇德船	石湾	同上	同上

续表

船别	经过地点	本镇停泊埠头	班次
硖石船	乌镇、炉头、桐乡、屠甸镇	二井桥	隔日一次
善练船	琏市	同上	每日一次
濮院船	石谷庙	印家桥堍	同上
湖州船	马腰横街	二井桥	每日一次

从快船一览表可以看出：第一，乌镇与都市、县城相通，开出的船有湖州船、嘉兴船、桐乡船、崇德船、硖石船。第二，乌镇与周边市镇直通的船有王店船、震泽船、塘栖船、南浔船、长安船、善练船、濮院船。第三，虽然有些市镇没有直通船，但航船线路中沟通了众多市镇，如双林、练市、新塍、新市、炉头、屠甸等。第四，大多数船为每日一次，也有一来一往者，不同方向来船停在不同的埠头，主要有印家桥堍、二井桥等。快船为两橹一桨，行驶极速，为旅客青睐，并且开埠或经过及到达必鸣小锣，俗称铛铛船。快船速度快是因为以载人为主，一般载重量小，与航运货船不同，货船的载重量大。受客船航班的限制，也有乘客选择货船出行，但货船载客较少，航行速度相对较慢。

水路是江南运河市镇对外交流的主要通道，发达的水网系统与江南运河的疏通，使江南市镇能够对外接触和交流，人们通过水道可去往四面八方，小可出入村落，大可通达都市；也是因为航运业的发展，使江南市镇聚落逐渐壮大，经济繁荣发展，人文兴盛。

第二节 水与节俗文化

江南地区居民的生活与水息息相关，以水产、稻米为主要食物，并且有淳厚的民风民俗。《宋史·地理志》载："人性柔慧。尚浮屠之。敦厚与滋味，善进取，急图利而奇技之巧出焉。"[13]江南地区的人柔和而聪慧，勤劳务实，且善于创新，精通各项手工技艺。

在不同的地理环境、气候条件下，人们产生了不同的信仰，形成了不同的婚俗和农俗。江南运河古镇因水而构，水是江南运河沿岸地区居民绕不开的元素，船除了运粮食、丝绸之外，是人们出行的主要交通工具，是游玩赏景的平台、娱乐的空间，也是重要节庆活动的主要构成部分。以嘉兴为例，端午节除了划龙舟比赛，还有踏白船、网船会。网船会又称"刘王庙会""水上庙会"。网船会是江南的特色，来赶庙会的船只，大部分是江南水泽中渔民捕鱼的丝网船，因此得名"网船会"。又由于此活动是来自江苏、浙江、上海的渔民、船民自发参与，又称为"江南网船会"。这种江南民间自发性的民俗祭祀活动一直延续至今，其规模、场面、人数在江南一带影响很大，同时也衍生出许多像打莲湘、挑花篮、扎肉提香、舞龙、舞狮、打腰鼓等原汁原味的民间文艺表演。每年清明和中秋时节，来自江浙沪一带及嘉兴本地从事渔业、农业、运输业的乡民，驾船汇聚于水上，祭祀、会亲、娱乐、交易商品，是江南独特的"渔民狂欢节"。

与水有关的节俗是端午节，江南运河各地端午习俗存在差异。苏州的端午节活动分为四大类：第一类活动是龙舟表演；第二类活动主要表现苏州人适应自然、改善生活的智慧，如采草药、挂艾叶、挂菖蒲等；第三类活动展现苏州悠久的丝织文化和特有的服饰文化，如佩百索等；第四类活动以包粽子、吃端午饭为核心。

杭州端午节最具特色，据《杭州府志》记载："端午，祀神享先毕，各至河干湖上，以观竞渡。龙舟多至数十艘，岸上人如蚁……半山龙舟争盛，俱于朔日奔赴，游人杂沓。不减湖中。"可见龙舟竞渡是杭州端午节的一项固定项目。说起杭州端午节俗，当属蒋村端午节最为热闹，蒋村龙舟竞渡的起源和水患有关。每年自农历四月二十四开始，至五月十三小端午止，乡民们自发在村里请龙王、供龙王、谢龙王、吃龙舟酒，求龙王不要发大水。蒋村龙舟盛会注重表演性、娱乐性，每年端午节这天都有一二百条龙舟汇聚在西溪湿地深潭口"胜漾"[1]。端午节当天为高潮，家家裹粽子、吃粽子；户户门前挂艾叶、菖蒲、桃枝、大蒜、灰粽子，挂香袋；新出嫁的女儿家，这天要将被子、毛巾、扇子等送至男方家，并将物品分发给亲友，俗称"赞节"。另外，宋以来，杭州城不只在端午举行龙舟竞渡，每年春季到夏季也会举办龙舟竞渡，这是因为宋代淳祐年间发生灾害，粮食减产，时任知州范仲淹走在大街上看店铺生意冷清，饥民遍地，于是下令举行一场划龙舟比赛，吸引杭州城内的富人纷纷走出家门观看龙舟比赛，因此拉动了消费，刺激了疲软的经济。

比较江南运河沿线几个地区端午的节俗文化，有共同点，也存在差异。共同点是，端午吃粽子、"五白"（白干、白鳌、白菜、白切肉、白斩鸡）、"五黄"（黄瓜、黄鱼、黄鳝、黄泥咸鸭蛋、雄黄酒），悬菖蒲，挂艾草，制香包，且均举行龙舟竞渡，具有表演性和娱乐性；差异是，杭州地区挂桃枝、吃灰粽子，嘉兴地区还踏白船，举行摇快船比赛。此外，龙舟竞渡的祭祀对象不同，杭州地区龙舟竞渡的对象有三种说法——越王勾践、屈原和曹娥。苏州、无锡、嘉兴均为纪念

1　"胜漾"是蒋村龙舟盛会的重头戏，是难度最大，也是最具观赏性的环节。在"胜漾"环节，每条龙舟都会在深潭口四周划一圈，然后在深潭口中间做一次 360 度旋转。

伍子胥，源于吴王夫差误杀了忠臣伍子胥，且在五月五日这天把伍子胥的尸体装入袋中沉江，所以吴地百姓在这一天划龙舟，就是为了纪念伍子胥。因此，苏州是端午龙舟竞渡的发源地之一，据《清嘉录》记载，江苏一带赛龙舟是为了纪念伍子胥，苏州因此有端午祭伍子胥之旧习，并于水上举行竞渡以示纪念。苏州龙舟竞渡的最早起源当为“胥门塘河”，即今天的胥江河。到清代，苏州端午龙舟竞渡盛极一时，地点众多，“龙船，阊、胥两门，南、北两濠及枫桥西路水滨皆有之”。因此，苏州龙舟竞渡较为普遍。无锡也有龙舟竞渡的习俗，据《锡山景物略》载：“往看者无大小，无贵贱，无男女，无城乡，水路并发。路则濱塘摆列，如堵如屏，可四五层，有面无身；水则自酒船以及田船，互相击撞，水为不流，龙舟亦挤入各船帮至不得伸缩。”可见无锡的龙舟赛亦蔚为壮观，除此之外还有荡口龙舟竞渡也颇为有名。

古代江南运河流域还有开展水上庙会的习俗，与端午节龙舟竞渡一样是江南典型的与水密切相关的节俗活动。除此之外，还有踏春的习俗，踏春有固定的路线和项目，其中，水上活动也是不可或缺的环节。据《杭州府志》载：“二月花朝以往。仕女争先出郊谓之探春，画舫轻舟，栉比鳞集，先南屏，次放生池，湖心亭，岳王坟，庐舍庵，后入西陵桥、放鹤亭，北来峰亭山，刘坟村，每当春日桃花盛放，一望如锦，游人多问津焉。”从上文可以看出：一是乘画舫轻舟出行的人众多，二是有约定成俗的踏春路线，三是既玩水又游山。水是人们生活离不开的一部分，也是众多节日习俗中的一部分，例如中元节放荷灯在江南普遍流行。荷灯，因形取自荷花而得名。荷灯一般是在底座上放灯盏或蜡烛，在中元节之夜放入江河胡海，任其漂流，不过不同地方的荷灯形式不同。

在农业经济社会，江南运河流域的主要产业为种桑养蚕，耕织结合。与蚕有关的节俗活动是必不可少的，因此形成了由蚕神信仰祭祀衍生的风俗，如接蚕花、蚕花水会、踏白船、蚕花生日、请蚕花、做茧圆、吃蚕花包子、谢蚕花、演蚕花戏等。不同地方的蚕花活动不同，南浔、新市、乌镇的含山轧蚕花活动，主要以背蚕种包、上山踏青、买卖蚕花、戴蚕花、祭祀蚕神、水上竞技表演等为主。轧蚕花有的在陆上展开，有的在水上展开。如蚕花水会、踏白船便是在水上展开的。蚕花水会又称蚕花庙会，是旧时嘉兴地区在水上举行的社会性的民俗活动，濮院、陡门水会、新塍水会等都很有名。其中桐乡芝村水会以蚕神祭祀为主要内容，称为蚕花胜会。旧时，芝村乡有一规模宏大的龙船庙（又名龙蚕庙），前殿祀四大天王，后殿祀马头娘[1]，这马头娘是一端坐的女子，旁立一匹马，当地说是宋代敕封的“马鸣大士”，清代加封“先蚕圣母”，是桐乡、祟德一带蚕农信奉的蚕神。每年清明，各村联合在水上举行祭祀盛会。迎会从清明当日开始，当天早上，由主持的村坊将马鸣王神像由庙中移至船上，各村参加迎会的船只齐集进行朝拜。每村都在船上表演拿手节目：龙灯船，赛灯；台阁船，由少年儿童彩扮表演；标竿船，由表演者爬上竖在船上十多米高的粗毛竹上表演惊险动作；打拳船，在船上表演拳术；拜香船，由儿童捧“香凳”边跳边唱“拜香调”。在附近更开阔的河面上还进行“摇快船”比赛。赛会常举行三至七天，游人如织，船满河面，沿河数里设满茶棚、酒肆、货摊，鼓乐喧天，热闹非凡。古老的祭神仪式逐渐演化为群众性的文娱和经济交流活动。如新市每年都会举行蚕花娘娘庙会，并延续至今，石门蚕花庙会的踏白船活动较为有名，主要为祭祀蚕神，当地传说农历三月十六日为蚕花娘娘生日，因此，踏白船活动于当日举行。嘉兴地区江南运河段杭州塘三塔踏白船也极负盛名，顺序为先集中于茶禅寺前祀蚕神，比赛结束后在庙前谢神聚餐，每当踏白船时，运河塘上

1　马头娘为蚕神的称呼之一，蚕神为中国古代传说中司蚕桑之神，在中国民间，蚕神还有蚕女、马明王、马明菩萨等多种称呼，本书中统一用“马头娘”这一称呼。东晋干宝《搜神记・女化蚕》完整讲述了“马皮蚕女”的故事：“女及马皮，尽化为蚕，而绩于树上。”宋人戴埴所著的《鼠璞》中，“蚕马同本”条目引述了《搜神记・女化蚕》的故事，并指出民间的蚕神“马头娘”与“马鸣菩萨”在情节与文本上已融合在了一起。

观者如堵，气氛热烈，为一年一度的地方盛节。在杭嘉湖一带，踏白船历史久远，历数世纪而不衰。《湖州府志》记载："寒食节，乡村以农船驾四橹，互较技勇诸艺，谓之哨船。擢小舟于溪上为竞渡，谓宜于田蚕。始于寒食，至清明日而止，谓之水嬉。"踏白船所用的船只是江南水乡一带常见的农用木船，平时用作水上交通工具，也用于桑叶、蚕丝运输和交易。船体稍长，船底呈弧状，两头翘，这样涉水阻力小，灵活，划起来速度快，本为运输桑叶、蚕丝等的船只，后演变为用于民俗活动。基于古时候养蚕时桑叶常由远地购回，运输刻不容缓，举行划船比赛有训练划船技术和提高船行速度之意。也有人认为踏白船比赛是一种军事训练，宋代抗金名将岳飞曾统帅过以"踏白"为水军番号的军队，明末吴日生在长白荡举兵抗清，通过踏白船训练义军。但不管用于节俗庆典活动还是军事训练，追根溯源，踏白船由祀蚕神的礼俗文化活动衍变而来。除了为祭祀蚕神专门举办的一系列活动之外，蚕文化贯穿于江南地区人们的日常生活。

第三节 水与婚俗文化

江南运河沿线人们的生活与水密不可分，船作为重要的水上交通工具，功能多元化，既可以载人，又可以载货，不但满足日常生活需要，还是沟通不同区域的新人的媒介，作为水婚的“花轿”。婚船水上航程距离的长短取决于新郎、新娘两家所处的位置，虽然处于水网密集的地带，受河道纵横交错、自由弯曲的影响，有时要绕弯，但婚礼的过程是颇为讲究的，主要流程为迎亲、开面、哭嫁囡、嫁妆船、摇趟子、外出跳、公爹抢水落团圆、起嫁妆、抱新娘、拜堂、入洞房、待新娘、待舅爷、闹新房、听房等。其中不难看出与水有关的环节，摇趟子、外出跳、公爹抢水落团圆，水上的仪式感十足。摇趟子是在迎亲船返回新郎家之前，摇四个来回。外出跳指摇船人在迎亲船上一起摇三支或四支橹，主要为了营造隆重的婚礼气氛。因此，称为水上婚礼也不为过。水上部分的婚俗礼节颇为讲究，如迎亲船选择由叔伯兄弟中年长者摇船，摇船者被称为摇船大伯。为营造喜庆的气氛，迎亲船一般要精心布置一番，船头放一顶装扮喜庆的花轿。迎亲船一般为快船，船上前后有两支橹，为了加快划船的速度，特意在船头再加两支橹。除了迎亲船，嫁妆船也是必不可少的，因嫁妆多少而定船只数量。嫁妆船上一般要放女方娘家准备的被子、脚桶、马桶、箱柜、脚炉、汤婆子等。

水婚俗文化不但与水有关，还与桥相连，人生重要的时刻——婚嫁、生日、满月，都有走三桥的习俗。吴江同里古镇走三桥的习俗约流行于清中早期，走三桥与“三桥”极富美好寓意的名字有一定的关系，“三桥”分别为吉利桥、太平桥和长庆桥。它起源于婚嫁习俗，每逢婚

嫁、生日庆贺、婴儿满月等喜庆吉利之事，伴随着欢快的鼓乐鞭炮声和四处抛撒的喜糖，眉开眼笑、喜气洋洋的亲朋好友，前呼后拥、浩浩荡荡地绕行“三桥”，口中念诵着“太平吉利长庆”的祝词，沿街居民纷纷出户观望，上前道喜祝贺。这种普天同庆的动人景象既是同里古镇一道亮丽的风景线，也是淳朴善意的民风民心的真情流露。旧时，凡镇上居民结婚，娶亲队伍都要抬着花轿走三桥，老人过 66 岁生日，当天午餐后要走三桥，婴儿满月也要由其母亲抱在怀里走三桥。走时，一般是遵循吉利桥、太平桥、长庆桥的先后顺序，绕行一周，不走回头路。在婚俗上，新郎背着新娘过第一座桥，然后抱着新娘过第二座桥，最后牵着新娘的手过第三座桥，其寓意着生活吉祥、平安，天长地久。走三桥的习俗不过几百年的历史，但“三桥”自营建之日起便成为聚落空间形态重要的组成部分，也是同里古镇居民生活中离不开的桥梁。在文化旅游繁荣发展的今天，同里古镇旅游区不仅设有婚俗文化馆进行静态展示说明，同时还动态展示走三桥婚俗文化活动，较为立体而生动地展示了同里古镇的文化底蕴。

第四节 水与诗词文化

依水而居的江南古镇聚落居民，对水有着浓厚的情感和深深的依赖，因此人的情感表达自然而然地借助于水，水又是聚落空间形态的重要构成部分，是一道风景，因此在古典诗词里常常可以看到水文化符号，水出现在诗文中，是情景表达的一种方式。水与山结合则成为中国传统山水画的题材，画家通过对山水的景色描绘传达思想情感和意境。江南运河古镇聚落中的水不但是人们生活的重要构成部分，水街、水巷也是一大景观，因为水多，在春天细雨蒙蒙的笼罩下充满着诗情画意，形成独具地方特色的水乡奇观。

一、古诗词中的水文化

（一）王江泾

长虹桥下波潺潺

明代　潘伦

长虹桥下波潺潺，长虹桥上行人还。

估客帆樯出复没，翩如飞鸟来云间。

水光远与天光乱，落日苍烟复一片。

诗文描写了王江泾著名的水上景观长虹桥上下繁忙的景象，帆船多如云间翩翩飞翔的鸟儿，来回穿梭于水上，水光与天光混为一体，落日与袅袅炊烟合为一体。

桑梓吟

清代　计楠

估舶列市梢，人家夹河岸。

秋灯耿不眠，鸣梭响夜半。

诗文中详细地记载了王江泾居民夹河聚居的状态，以及商业、纺织业繁荣的景象。

（二）新塍

新溪杂咏

清代　沈湘

贸丝抱布价相悬，汲水桥西闹市廛。

洛浦商帆纷似织，至今人说孝廉船。

诗文不但呈现了新塍丝制品交易的热闹景象，同时通过如织的商船反映出商业繁荣的场面。

（三）南浔

湖州道中

明代　韩弈

百里溪流见底清，苕花苹叶雨新晴。

南浔贾客舟中市，西塞人家水上耕。

城南棹歌

佚名

白丝缫就色鲜艳，卖与南浔贾客船。

载去姑苏染朱碧，阿谁织作嫁衣穿。

浔溪唱晚

清代　张镇

百间楼上传婵娟，百间楼下水清涟。

每到斜陌村色晚，板桥东泊卖花船。

南浔小泊

清代　鲍轸

水市千家聚，商渔自结邻。

长廊连箬屋，斥堠据通津。

以上四首诗文描写了南浔的河道景观、生产生活境况，载满鲜亮、白色的丝的商贾船准备将丝运往苏州染成朱碧色后供做嫁衣。诗文中表达了南浔生产的丝质量优，姑苏城大户人家姑娘出嫁用作嫁衣的白丝均取自南浔。诗文还清晰地描述了傍晚时分南浔百间楼的景观，因百间楼开有瓷器商铺，而卖花船停泊于板桥卖花，可见古镇居民对生活品质的追求。

夜泊南浔

明代　文徵明

春寒漠漠拥重裘，灯火南浔夜泊舟。

风势北来疑雨至，波光南望接天流。

百年云水原无定，一笑江湖本浪游。

赖是故人同旅宿，清樽相对散牢愁。

以上诗文点明了明代吴门四家之一的姑苏人文徵明曾到访南浔，夜晚到达南浔的景象。

（四）新市

新市建镇历史久远，因江南运河路过该镇而地理位置优越，曾经

是江南运河上繁忙的码头，故而路过的文人墨客多驻足停留，尤其是宋室南渡以来，此处成为文人、士族寓居之地。宋代著名诗人杨万里、黄庭坚曾寓居于新市而吟诗赞美其美景。

宿新市

宋代 杨万里

春光都在柳梢头，拣得长条插酒楼。

便作家家寒食看，村歌社舞更风流。

题觉海寺

宋代 黄庭坚

炉烟郁郁水沉犀，木绕禅床竹绕溪。

一暇秋蝉思高柳，夕阳原在竹荫西。

过新市

明代 刘仲景

泽国渔盐一万家，从来人物盛繁华。

青衫云鬟能摇橹，白苧冰肌解踏车。

比屋傍河开市肆，蔬苗盈野间桑麻。

吴歈一曲随风度，荡漾湖光映晚霞。

诗文中描述了作者眼中的新市水景观，并且每一句诗文都与水有关，可以窥见新市水景观之繁荣。除此之外，新市可谓人杰地灵之地。南宋有状元诗人吴潜，清代有影响日本一代画风的画家沈铨，现代有著名神学家赵紫宸和他的翻译家女儿赵萝蕤、中国古桥古船专家朱惠勇。

二、朱彝尊《鸳鸯湖棹歌》中的古镇水文化景观

出生于浙江嘉兴王店镇的清初文人大儒朱彝尊《竹枝词集》《鸳

鸯湖棹歌》中有不少与水相关的诗句。棹歌，即船歌，内容“多言舟楫之事”，形式“聊比竹枝、浪淘沙之调”。棹歌流行于江南水乡地区，本来是一种民间歌谣，后经过文人不断创作，成为一种独特的诗歌载体。其中记载了枫泾、魏塘、濮院、新塍等古镇的水乡风景以及江南运河干支流的水道景观。

鸳鸯湖棹歌

清代　朱彝尊

二十七

鹤湖东去水茫茫，一面风泾接魏塘。

看取松江布帆至，鲈鱼切玉劝郎尝。

从这首诗不难看出鹤湖以东河湖密布、水面宽广，以至于枫泾与魏塘连成一片。

鸳鸯湖棹歌

清代　朱彝尊

三十一

长水风荷叶叶香，斜塘惯宿野鸳鸯。

郎舟爱向斜塘去，妾意终怜长水长。

长水即长水塘，与江南运河相连，是嘉兴市区通往王店、硖石镇的主要水路，斜塘与太湖相接，在今天的西塘镇境内，而斜塘也是西塘的古称，西塘因水而生，因水得名。诗文借助两条河水，以夫妻相思写嘉兴、嘉善相互依存的关系。

鸳鸯湖棹歌

清代　朱彝尊

六十

九里桥西落照衔，樱桃初熟鸟争鹐。

须知美酒乌程到，遥见新塍一片帆。

虽然诗文意在赞美乌程的美酒，但最后一句“遥见新塍一片帆”点出了水乡意境。

鸳鸯湖棹歌

清代　朱彝尊

七十五

春绢秋罗软胜绵，折枝花小样争传。

舟移濮九娘桥宿，夜半鸣梭搅客眠。

这首诗赞美了濮院生产的绢、罗等丝织品不但质量较好，而且花样设计新颖，深受欢迎。船行至濮九娘桥夜宿，半夜能听到织机穿梭的声音。

鸳鸯湖棹歌

清代　朱彝尊

九十四

石尤风急驻苏湾，逢着邻船贩橘还。

只道夜过平望驿，不知朝发洞庭山。

诗文中讲到的苏湾旧时在江苏吴江境内，今在湖州境内，平望驿是古代设在平望镇的水驿，为江南运河十大驿站之一。洞庭山位于太湖。这段诗词主要描写了湖州至吴江一带的水上景观。其中“只道夜过平望驿”，道出了平望独特的地理位置，而平望的由来也与水有着渊源，因该地区湖光水色，一望皆平，故得名平望。

有关江南运河古镇景观、水文化的古诗词形象而生动地描绘了江南运河古镇水文化的内涵及曾经的繁荣景象。古镇聚落景观随着时间推移而变迁，在陆路交通发达的今天，河道因不再承担往昔的功能而渐趋萎缩，也因受到工业污染而失去了往日的荣光。古诗词却以纸为媒介，传播着江南运河文化，使人们穿越时空进入以水为生的古镇，畅游其中。

注释

[1] 张翠英 . 大运河文化 [M]. 北京：首都经济贸易大学出版社 ,2019：31.

[2] 李跃乾 . 京杭大运河：漕运与航运 [M]. 北京：电子工业出版社 ,2014：22.

[3] 张仲清，译注 . 越绝书 [M]. 北京：中华书局 ,2020：29.

[4] 浙江省港航局 . 大运河航运史 [M]. 大连：大连海事出版社 ,2019：25.

[5] 江峰青 , 顾福仁 . 光绪重修嘉善县志：卷 11：税赋 [M]. 光绪二十年 (1894) 刻本 .

[6] 李翰 . 嘉禾屯田政绩记 [M]// 陈学文 . 嘉兴城镇经济史料类纂 .1985：31.

[7] 张翰 . 松窗梦语：卷四 // 续修四库全书：子部：杂家类 . 上海：上海古籍出版社 ,2003：460.

[8] 王士性 . 广志绎 [M]// 陈学文 . 嘉兴城镇经济史料类纂 .1985：33.

[9] 乾隆 . 上谕条例：108 册 [M]// 陈学文 . 湖州府城镇经济史料类纂 .1989：63.

[10] 吴兴农村经济 [M]// 陈学文 . 湖州府城镇经济史料类纂 .1989：9.

[11] 黄汴 . 士商必要：卷 7[M]// 陈学文 . 湖州府城镇经济史料类纂 .1989：55.

[12] 憺漪子 . 新刻士商要览：天下水陆行程图（抄本）[M]// 陈学文 . 湖州府城镇经济史料类纂 . 1989：56.

[13] 胡朴安. 中华全国风俗志：上篇：卷三：浙江 [M]. 上海：上海科学技术文献出版社 .2008：77.

第四章

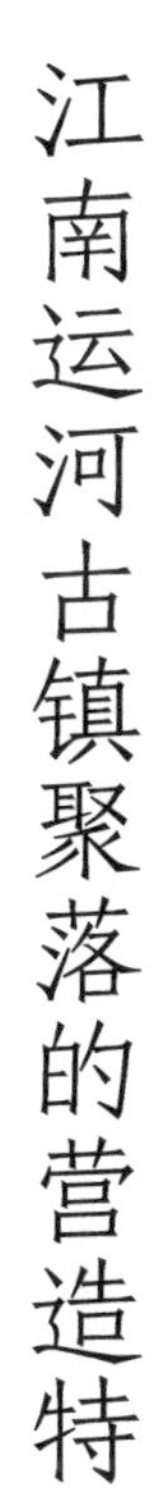

江南运河古镇聚落的营造特征

长江三角洲冲积平原丰富的水系不仅为江南农耕文明提供了良好的保障，同时为江南运河的航运发展提供了基础，而便利的交通与丰富的水系也是人们理想的栖居之地。无论从生存空间还是生活方式的角度来看，千百年来，水都影响着江南市镇聚落的发展。从现存的江南运河沿线市镇来看，无水不成聚落是典型的特征，又因受水道等自然环境的影响，聚落的构筑没有固定的范式，建筑没有统一的布局，聚落的形态也是不固定的。

第一节 江南运河古镇聚落的分布特征

一、水网丰富，交通便利

市镇作为乡村的行政中心，首先在交通上应该做到四通八达，其次还要考虑与县城、都市的沟通，因此，市镇聚落所坐落的位置不但要人居便利，还要考虑人、货物的流通。现存的江南运河市镇大多是明清时期手工业经济发展的中心，便利的交通环境带动了手工业以及商贸经济的繁荣，从而形成了典型的江南市镇聚落群。

江南运河古镇聚落空间中的水网几乎连接到每一户人家，并且回环相通。纵浦与横塘是主要构成部分，南北流向的河道称纵浦，东西流向的河道称横塘，纵浦与横塘南北、东西交错，可通达四方。《吴兴志》原注谓“凡名塘，皆以水左右通陆路也”。也就是说塘承载引水的河渠，两岸为通陆路的水利工程。又有泾、渎、沟等。沟、渎多为天然水道，也有人工开凿者，既可用以灌溉排水，也可以通航；沟、渎堤防成为陆上交通道路。与浙西、浙南、徽州等山区的市镇聚落分布不同，江南运河古镇聚落大多分布于水网系统丰富、交通便利的区域，从地理学的角度来看，聚落的选址与分布是以优越的地理环境为依据的，丰富的水系在为江南运河输水的同时，可以确保农业收成稳定，这是江南古镇繁荣发展的基础，也是世代繁衍生息的根本保障。

江南运河古镇聚落建筑顺其河道的走势分布而形成带状布局，由于河道宽窄不一，曲直不定，因通航之便利，较宽的河道往往发展为市河（图 4-1），可通行大型船只，也是南来北往的货船途径之处，

因此成为古镇的中心，而这一区域往往是较为繁忙和热闹的区域，形成水市、街市，作为古镇聚落的商品流通空间，同时是经商之家的首选之地，同时也是市镇对外交流的通道。

（a）西塘市河

（b）南浔市河

图 4–1　古镇聚落中的市河

二、襟江带湖，通衢四方

襟江带湖，形容江河湖泊之间相互萦绕交错，如同衣襟和衣带一样互相依附，自然连接。江南运河流经的区域河湖密布，塘、浦、江、河交汇后汇入东海，由于依靠水道对外交流与沟通，那么选择水系发达的区域构筑聚落是人们生存的根本。以苕溪为例，它源自天目山北麓，蜿蜒绵亘于杭嘉湖平原，最终汇入太湖，在干流河道上分布着新市、南浔、菱湖、织里、震泽等市镇，而这些市镇在明清发展为江南大镇与发达的苕溪水系不无关系，因为河道与河道相互交汇后呈放射网状，可通四面八方。以浒墅关古镇为例，“浒墅关上接瓜埠，中通大江，下汇吴会巨浸，以入于海”。盛泽，位于江苏最南端，南接浙江湖州、嘉兴，为江浙之门户，由于地处长江三角洲和太湖地区的中心地带，水网向东南发散，远可通松江、嘉兴、湖州等都市，近可直达平望、震泽、南浔、新市、乌镇、王江泾等市镇。王江泾，地处江南古运河东线上，为南北交通要地，四通八达，北通吴江、苏州，顺河而上甚至直通京城，向南顺流至嘉兴府、杭州府，东连接黄浦江，通松江。清代唐佩金《闻川志稿》中载："控引漕河，吐纳雁荡，烟波澹沱，灵秀所钟……" 宋代诗人张尧同曾写下"此地连江海，曾经古战争……"说明王江泾的地理环境及其重要性。清代乾隆第一次下江南巡查走的是江南运河东线，进入浙江境内王江泾时曾赋诗《入浙江境》："午临于越晓句吴，一水何曾易舳舻。尔界此疆人纵别，民胞物与我宁殊！敢忘求瘼心常切，且喜行程春与俱……"乌镇，位于江南运河中线上，地处水网交错的发达水系，远可通京、杭，近可达上海、松江、苏州、嘉兴、湖州，同时还连通各个市镇，西通练市、南浔，南通新市、石门、崇福、长安、塘栖，东通新塍、濮院，北通王江泾、平望等。

密集的水道就像一张渔网将零散分布的村落、市镇聚落、都市聚落连接在一起，水道好比连通器，运河为大动脉通连接城市，支流为小动脉连接市镇，汊河为毛细血管连接村镇聚落，将聚落的中的人和物带出去，同时将需要的物资带回来，形成良性循环，带动乡村农业经济、市镇手工业经济发展，从而引南来北往的客商驻足停留，促进南北、中西文化交流，促使商业贸易繁荣和人文昌盛。

三、耕织结合，亦农亦贾

追溯历史发展的脉络，江南运河市镇聚落大多是在村聚落、草市的基础上发展起来的。乡村聚落的生存空间决定了以农业经济发展为基础。江浙地区是传统的桑蚕优势产区，土地肥沃，气候湿润，雨水充足，适合桑树生长。尤其是杭嘉湖平原河网密布，地势低平，人们在低洼的地方建造水塘用来养鱼，将挖出的河泥放在水塘四周作为树木种植的土壤。同时改良桑树的品种，培育出适应当地环境的湖桑，就此形成了塘基种桑、桑叶养蚕、蚕沙喂鱼、鱼粪肥桑的生态循环农业模式。这种模式成就了江南运河市镇丝织业经济的繁荣发展。如南浔、盛泽、濮院、王江泾、新市、双林、崇福等都是典型的因发展丝织产

业而壮大的市镇。以濮院为例，宋室南渡后，山东曲阜人濮凤寓居于此，并从北方带来纺织工艺，至宋淳祐年间，濮䌷已名扬天下，《濮川志稿》载："南宋淳祐以后，濮氏经营蚕织，轻纨纤素，日工日多。""濮院之名，遂达天下。" 元朝大德十一年（1307年），濮鉴出资建四大牙行，收积机产，"召民贸易"，"远方商贾旋至"。明代朝廷鼓励栽桑养蚕，促进了濮绸进一步发展。到了明代万历年间，纺织工艺改进，将土机纺织改为新式纱绸机，织造工艺精妙绝伦，濮䌷扬名海内外。《万历秀水县志》记载："民务织纻，颇著中下声，亦也农贾，商旅辐辏，与王江泾相亚。"随着蚕桑产业的发展，耕织结合，亦农亦商成为江南运河市镇发展过程中的一个典型现象。弘治《嘉兴府志》卷二《风俗》记载："尺寸之土必耕，衣被他邦，而机轴之声不绝。"耕织结合也是嘉湖地区的传统，耕织结合、亦农亦商的职业特点在江南运河市镇发展过程中是较为突出的一种生存模式。例如盛泽、平望、乌镇、新市、濮院等，光绪《桐乡县志》卷二《疆域下·风俗》记载："……男子务耕桑，服商贾，妇人勤纺织，工蚕缫。"另《张杨园集》载："土沃人稠，男服耕桑，女尚蚕织，易致富实。"江南运河沿岸的大多数市镇基本以耕桑为基础衍生出丝织业，人们因此过上富裕的生活。随着织机技术的改进、产品质量的提高，明中期濮院发展为以丝织业为主的重镇。"他邑之织多散处，濮川之织聚一镇，比户操作，明动晦休，实吾衣食之本……机杼为河阖恒业"[1]。"濮院所产纺绸，练丝熟静，组织亦工，质细而滑且最韧耐久，可经浣濯，古物类记有濮䌷之称，其价不一。"[2] 随着濮绸蜚声海内外，丝织业贸易达到空前的繁荣，濮院机杼声日夜不断，居民工作性质也随之发生改变，转为以织为业，以商为主。

农桑经济的发展直接促进丝织业的繁荣，同时产生了专门从事丝织品贸易的商贾，南浔古镇的丝商巨贾尤其多，正是与当地盛产优质生丝有关。距离南浔古镇不远的辑里村出产的生丝量佳、质优，深受消费者青睐。朱国桢《涌幢小品》卷二记载："湖地宜蚕，新丝秒天下……湖丝惟七里者尤佳，较常价每两必多一分，苏人入手既识，用织帽缎，紫光可鉴。其地去余镇仅七里，故以名。"南浔因优质生丝而引四方商贾云集于此。同治《南浔镇志》卷二记载："南浔镇与江（苏）省接壤，地处湖滨，烟火万家，商贾云集。"南浔农业、商贸经济发展离不开桑蚕丝，明清南浔古镇及下辖村落，土地无一空余，皆为桑树，因为桑叶为养蚕的基础。同治《南浔镇志》卷二十四载："（南浔）乡间隙地无不栽桑，惟墟墓庙宇圆亭始植木，故诸木虽有而皆不多也。近地栽桑之外，若无隙地，植果甚少。"农人以植桑养蚕为主，商人以贩卖蚕丝为生，形成了南浔热闹异常的丝织品贸易。民国《南浔镇志》卷三十一温丰著《南浔丝市行》："蚕事乍毕丝事起，乡农卖丝争赴市。市中人塞不得行，千声万声聋人耳。纸牌高揭丝市廛，沿门挨户相接连。喧哗鼎沸辰至午，骈肩累迹不得前……小贾收买交大贾，大贾载入申江界。申江鬼国正通商，繁华富丽压苏杭。番舶来银百万计，中国商人皆若狂……今年买经更陆续，农人纺经十之六。遂使家家置纺车，无复有心种菽粟。"这篇诗文形象地呈现了南浔丝商贸易曾经的繁荣，突出了农民以蚕丝为主要经济来源，大小商人靠蚕丝赚取利润，经由上海远销海外，商人由此赚得更高的利润。南浔的繁荣发展离不开桑蚕农业经济，而桑蚕丝也为手工业者生存提供了保障。

第二节 江南运河古镇聚落的布局特征

一、利用自然，择水而居

从马家浜文化遗址来看，新石器时代的原始先民已采用依水而居的生活方式，独木舟是当时人们出行的主要交通工具。而濒水而居，舟楫为交通工具的生活方式并未随着历史车轮的前进而被改变，也未曾因为时代的更迭而被废弃。江南运河古镇聚落均直接或间接地与江南运河相通，一般分布在干流和支流水域，聚落以纵浦或横塘为中心向四周支流水域辐射分布，建筑滨水而构，因此形成街巷与河流或平行或垂直的格局，街道宽窄、长短、曲直均无定数，由此构成不规则的聚落形态（图 4-2）。

（a）王店古镇聚落　　（b）南浔古镇聚落

图 4-2　择水而居的古镇聚落

纵观现存的江南运河古镇聚落，均为传统上繁荣发展的江南大镇，如南浔、新市、同里、震泽、平望、王江泾、濮院、乌镇等，而市镇民居均分布于河道两侧，尤其是繁忙的街道与主干河道。如果俯瞰整个聚落，河网像循环贯通的大动脉贯穿聚落空间，其心脏部分必然是可供大型商船通行的主干河道，数不清的水巷像毛细血管一样穿梭于建筑群落之间，这就是典型的江南水乡人家尽枕河的写照。

二、以水为轴，辐射内陆

地理环境影响生活方式，同样影响建筑构造与选址、建筑形式与风格。江南村落、市镇、城市均有依水而居的传统与历史，尤其是水网系统密集而成熟的市镇聚落。

与村落聚落选址时所考虑的要有便利的农业生产条件不同，市镇聚落选址不但要考虑便于农业生产，而且还要考虑水网通往周边市镇、县郡、都市的能力。江南运河市镇聚落的共同性特征是河网系统发达，河道宽窄不一，宽的河道一般是与外域沟通的主要通道。聚落内部主干河道与聚落外部主要的交通动脉相互沟通，可通府、县所在地外，还与若干分支流相通，可达下辖村落以及周边的区域。水也是市镇聚落居民出入的平台，通过聚落中的近端河道，居民可被输送至中端或远端区域，在这个过程中，河道充当了连通器的作用。因此，聚落中最为繁华的街市一般坐落于大河道的两岸，也就是所谓的市镇商业贸易中心。相对于塘、浦形成的干流河道而言，支流河道、水巷沿岸一般主要分布着住宅建筑，居住环境较为僻静（图 4-3）。

总的来讲，可以将江南运河古镇聚落布局概括为以主河道为中心，向支流、内河沿岸辐射，聚落的建筑布局也由高密度向低密度转变。在整个聚落中，河道不但起到输送、交换、汇集物资的作用，同时盘活了市镇。

三、河街并行，街巷贯通

河道与街道水平同行是江南运河市镇聚落的特点之一。这一特点

图 4–3 水巷

主要受市河河道流向的影响，还受建筑沿河坐落方位的影响。江南运河市镇聚落的河道一般有东西流向和南北流向两种。东西流向的河道的两岸建筑一般坐北朝南布局，河道南岸的建筑一般背靠河道或者面向河道，建筑面阔三间、二间、一间各不相同。面街建筑为坐南朝北，背靠河、面临街的建筑则为坐北朝南，两排建筑面面相向，夹道形成街市。河道北岸建筑大多面河而构，面阔一般为三间、二间或一间不等，面河建筑也不是紧邻河岸，而是沿河岸一般留出一定公共街道空间，具体宽窄因市镇聚落大小、街道功能而存在差异。街道为公共空间，同时也可以为沿街商户和居民所借用。因此，有一街一河、河街并行的特色（图 4–4）。

除了一街一河，还有两街夹一河者。江南古镇聚落的河道多为东西流向，但也有主干河道是南北流向的。以南北流向河道为例，沿南北流向河道构筑的建筑有两种形式：河东岸的建筑为坐东朝西，河西岸的建筑一般为坐西朝东，两岸建筑都面临河道，建筑的院落和进深向内陆纵深发展，因沿河建筑与河道之间均留有街道，构成两街夹一河的布局（图 4–5），当然这种布局也会出现在东西流向的河道两岸，目的是方便两岸居民出入。

面河或背河的建筑基本沿街，具体因建筑功能而定，因地制宜发挥建筑的多种功能，一般面街建筑都带有门面（图 4-6），一般用作商铺作或手工作坊，后面的天井式庭院作为居住空间，院落空间因土地多少而纵深延续，有一进、二进，也有三进、四进的。院落、建筑单元的沟通靠的是陪弄（图 4-7）。陪弄有开放式的，出入口面向街道；也有隐藏式的，设在建筑内部。背河而又面街的建筑一般位于闹市区，还有相当一部分建筑位于远离市河的支流河和内陆空间，这一部分建筑基本以住宅为主，以院落组合空间构成为主要特色，建筑与建筑夹道形成若干条街道与弄堂（图 4-8）。这些弄堂与街道垂直，可以直通至市河、水巷，弄堂与街巷相互依存，将住在各处的居民连接在一起，也构成了生生不息的流动空间，维持着江南市镇聚落的生命力。

图 4-4　一街一河

图 4-5　两街夹一河

图 4-6　街道

图 4-7　陪弄

图 4-8　弄堂

四、商住混合，商坊一体

江南市镇聚落一部分是在草市的基础上发展起来的，中国传统的村聚落与市镇聚落相比较，规模上要小，功能上较为单一，因为村落居民主要以农业种植、养殖家畜、手工艺为生，由此决定了村落经济发展的空间有限。尽管如此，随着作坊的壮大与发展，有一些以手工业经济为主的村落逐渐形成定期进行商业贸易的集市，即所谓的草市。草市是指乡村间定期举办的集市，与官方划定的常规集市形制不同，但与官方划定的市场并行发展。简单地讲，草市是一种非正式的交易场所，随着经济的繁荣发展，以此为核心逐渐成为一种相对比较集中的交易与商业区域。以濮院镇为例，濮院古称李墟，其中“墟”就是草市的意思，草市大多位于水陆交通要道或津渡及驿站所在地，濮院在地理环境上符合这一条件。宋室南渡后，山东曲阜濮氏随之迁居于此，带来了丝织业工艺技术，濮院逐渐发展为丝织业重镇。濮稠也因其白净、细滑、柔韧耐洗，为丝绸上品。由此可见，手工业经济发展是江南市镇持续繁荣的基础。除此之外，王江泾、南浔、王店、盛泽、平望等均因不同的手工业特色经济而长盛不衰。随着手工业发展，商住建筑、商坊建筑功能需求逐渐增加，以便于产品交易，商住混合、商坊一体建筑成为江南市镇聚落的典型特色。

商住建筑、商坊建筑为功能混合型建筑。商住建筑在提供贸易空间的基础上提供居住空间。商住建筑形式有两种：一种为下商业上居住式，这类建筑沿河构筑，以单体建筑为主，一般为两层，这类建筑背靠市河，面向市街，建筑一层为商铺，二层作居住或盛放物品仓储之用；另一种为前商业后居住式，一般为面街或面河建筑，因其不受河道空间的限制，多前为商铺后为庭院。在江南市镇聚落中，无论哪一种建筑组合样式，一层商铺的形式与功能是普遍存在的。商铺的大小由建筑的开间决定，商铺一般为可拆卸的条板门样式，便于搬送货物和交易。

因受空间的制约，室内活动空间和利用空间局限性较大，为扩大室内使用面积，下商业上居住式建筑有条件的会在河道上空建造水阁，水阁建筑一面依靠建筑，下设若干立柱，一般不超过商住建筑的开间尺度（图 4-9）。水阁的建造解决了空间局促的问题，同时可以满足手工小作坊的需求，可以储存物品，同时也可以作为生活空间。商住混合、商坊一体式建筑在江南市镇聚落中普遍存在，通过这些建筑也可以窥见江南市镇往日商贸繁荣的景象。

图 4–9　面街临河商住建筑中的水阁

五、建筑构造，不拘一格

江南古镇聚落的构成离不开丰富的水网系统，而水网系统是在自然环境条件下形成的，其形态迂回曲折，宽窄不一。水道的流向不同，有东西流向的，也有南北流向的，因地势的不同还有自西南向东北、自东南向西北流向的。由于构成水网的河道流向是不固定的，由水网围合而成的陆地地形也五花八门，形状多样。河网决定地理、地势环

境空间，地势环境影响聚落建筑的构成形态。

江南运河古镇与北方平原地区的市镇聚落截然不同。北方平原地区的市镇聚落构成几乎一致，民居建筑为统一的合院形式，且除了民居，商用建筑、祠堂、寺庙建筑，几乎很少有辅助式建筑。而江南运河古镇聚落构成居无定数，建筑形态不拘一格。因不同区域河网构成体系不同，聚落形态也呈现多样化。虽建筑风格协调，但建筑形态却不尽相同，即便是商住建筑，也是因地势环境而定开间大小，在规则的地形设计规则的建筑，在不规则地形营造不规则的建筑，如在十字路口沿街拐角处设计圆角形建筑，在沿河拐角处设计扇形或三角形建筑，总之是不拘一格。因为流动空间的公共性特征，根据条件进行跨街骑楼、骑廊、廊棚等辅助建筑的设计与构筑，而这些辅助建筑也由环境空间而决定形制，这也是江南运河市镇聚落的特色。除商住建筑、民居建筑、骑楼等之外，数量较多且较为重要的建筑形态是桥梁，桥梁建筑属于聚落中不可忽视一部分。桥梁形态的构建由河道宽窄、河道运输功能而定。市河上的桥梁一般为圆拱桥，圆拱桥的设计有利于中型商船通航，圆拱桥的高低、跨度一般由河道的宽窄决定。圆拱桥有单孔圆拱桥，也有多孔圆拱桥。桥一般由武康麻石构筑而成，桥有名字，桥拱两侧刻有对联，一般与桥名呼应，赋予桥深厚的文化内涵。板桥与拱桥形态截然不同，板桥以石板拼接构筑而成。在窄的河道上，一般架设单孔板桥，桥下立石柱；在稍宽的河道上，架设三孔板桥，一般有三组石板，由两组或四组石柱支撑。桥的构筑不仅将人与人的距离拉近了，同时还将聚落连成一体。桥的构筑形态不一，位置讲究，在河道交汇处，常常可以看到三桥、两桥并存。除了桥梁之外，还有层层叠落的河埠头，河埠头建于公共河道空间，有的与自家建筑相连，建在水阁下面，为私人使用的空间。总体上看，河埠头有双踏式、单踏式两种，其高低、宽窄由建造者及使用功能决定。河埠头既可以供居民日常生活洗刷使用，是居民出入市镇聚落的平台，同时也可以供过往、进出市镇的商船驻留，进行商品贸易。出入市镇或路过补给的大型商船一般停靠于市河上的码头，码头一般设在河道较宽的区域，码头以阶梯式递进入水中，码头上矗立若干石柱，供系挂绳索之用。不管是河埠头还是码头，均设计有层次、错落式的石阶，这一设计考虑了潮起潮落对水位的影响。在河埠头上或者驳岸上多嵌有雕刻精细、带有鼻孔的系船石，其形态丰富，图像多元，一般与祈求平安、趋利避害的愿望有关。

江南古镇聚落构成以河网系统为依据，民居建筑与商住建筑相结合，骑楼、骑廊、廊棚建筑为辅助，以桥梁，河埠头，码头为沟通媒介。这些建筑元素在江南市镇聚落构成中混合交融，形态上千变万化，这种不具一格的构成特征不仅反映出江南运河市镇地理环境复杂，同时映射出灵活多变的思想。

六、圩地造陆，形态不一

江南运河古镇聚落一大部分坐落在杭嘉湖平原上，杭嘉湖平原属长江三角洲，地势低平，平均海拔 3 米左右。地面形成西、南高起，向东、北降低的以太湖为中心的碟形洼地。平原上河网星罗棋布，河网密度平均 12.7 千米 / 平方千米。杭嘉湖平原水源多来自南部天目山、杭州吴山，因南高北低，河流顺势而下，一部分汇聚于太湖，途径低洼处汇聚为湖泊、湿地和草荡。在流经区域潴留成湖泊，大小河道交织如网。因大面积的自然水域环境空间影响聚落的构筑和聚居，即便选择相对理想的居住环境，还是离不开人工对河网的疏导，理水、圩堤、造田是人们生存的希望，聚落的营造也不例外。如果说圩田是解决温饱问题，圩地则是确保世代繁衍生息的法宝。圩地并不是简单地填河造地，而是将河流沉淀的淤泥、堰塞物清理出来，疏通河道，减少淤堵，同时，使陆地面积随之增加，再给河道筑堤，河、陆隔离，以防洪、防汛，围合成适宜居住的陆地。

人们面对独特的地理环境充分发挥因地制宜的智慧，既有效地利用自然环境，又通过人力改变水网环境的不利条件，通过疏浚河道，圩地造陆，将狭小的聚居空间转换为适宜的聚居地。这在江南运河古镇聚落形成、发展过程中较为普遍。河网构成的结构和环境空间不同，每个市镇聚落的布局也不尽相同，因此，聚落形态因地制宜，各具特色，有带状分布、T字形分布、十字形分布、团状分布、树状布局等多种形态。

七、聚落构成，点线结合

民居、园林、寺庙、桥梁、河道、街巷、弄堂都是聚落的重要组成部分。这些建筑形态，有的以点元素存在，如桥梁、河埠头；有的以块面体存在，例如民居建筑群、园林、寺庙建筑群等；有的以线元素存在，例如河网、街巷。这些元素彼此独立，但又不可分割，例如河道、街巷以线的形式贯穿于聚落之中，将沿途的建筑元素连接在一起，使聚落形态在视觉上呈现较为完整的空间结构。

河道是聚落形态的主要构成部分，也是聚落的自然生命形态。聚落中的市河较宽，是市镇的核心区域，四面八方的汊河汇聚于此，这样一个没有终点的河网综合交错，将聚落中建筑元素——园林、寺庙、桥梁连成一体。河道好比是人的动脉血管一样，滋养着聚落中的生命，同时又维持着聚落繁衍生息的希望。

只有河网不足以成为聚落，也不足以将聚落空间连为完整的形态，要依靠桥梁建筑将此岸与彼岸连接。桥充当了点的功能，它的存在不仅沟通了原本相隔于河道两岸的居民，而且将聚落的陆路交通打通，使聚落连为一体。同时，桥梁的关键作用是将街巷、弄堂连环贯通，拉近了聚落内人们的距离。因此，桥梁建筑在居民心目中的位置也特别重要。

第三节 江南运河古镇聚落形态构成

从人与环境的角度来看，人的一切活动均与地理环境发生关联，人的生命应该以地理环境优势为依托而良性循环发展，这就是不同地域产生不同建筑风格的原因。

市镇聚落作为比村落高一级的行政单位，一般以县城为中心向四周辐射，并乘运河之便来往于县、郡、都市。以乌镇为例："镇与浙直之交，与江南之吴江、嘉兴之桐乡界壤相接，胡泽通连……为往来之捷径。"[3] 再看清代市镇分布："大钱镇在府城北二十里，东迁镇在府城东五十里，南浔镇在府城东七十二里，乌镇在府城东九十里，菁山市在府城西南三十六里，妙喜市在府城西南四十里。"[4]

市、县、镇、村的行政区域设置要考虑水路交通通达四方的问题，通过上文中镇的方位以及与府城的距离可以看出，市镇一般分布于府城的四面，距离的计算以水路交通为依据。村一般分布于镇的四周，一般在十里之内，方便村民半日来回，以不耽搁农活为准。这些都是以河道通畅、舟楫便利为前提的。因此，聚落形态分布取决于水网系统的格局，加上不同市镇的水网系统构成不同，地势环境高低起伏，地形形态有所差别，聚落形态也有所不同，总的来看，可以归纳为带状、T 字状、十字状、团状、树状等。

一、带状

顾名思义，带状，就是像带子一样的长条形状。带状分布的市镇

聚落多沿河构筑，其形成受地理条件及河道环境影响较大。以震泽古镇为例，震泽地处太湖南岸，江南运河支流荻塘从中穿过，震泽因荻塘航运而繁荣发展，聚落沿荻塘及其支流两侧分布。震泽古镇聚落中的水网系统相对简洁，没有太多的纵横交叉，因此，水网系统结构比较明了，为典型的带状聚落形态。今天的震泽古镇，远离河道的建筑由于年久失修已经坍塌废弃，唯有市河两岸保留着茶馆、餐厅、商铺，宅第建筑，尚存古香古色的风韵。

二、T 字状

南浔古镇东至平望镇 26 千米，南至乌青镇 15 千米，北至太湖 10 千米。在区域地理位置上，南浔位于杭嘉湖平原、太湖南岸。因临太湖，地势低平，承接了西南天目山水源苕溪支流荻塘，荻塘流经此地与余不溪支流浔溪交汇形成 T 字状，且与江南运河相连，水上交通四通八达。南浔聚落形态的独特之处在于宅第，园林一般临河而构，引自然河道入宅院、园林之内。浔溪是贯穿聚落的主要河道，与荻塘交汇直接影响了南浔古镇聚落的框架。如果俯瞰南浔古镇聚落的整体形态，宅第建筑主要分布于 T 字状的河道两岸，商业建筑、作坊建筑、普通民居穿插其中，荻塘两岸矗立着鳞次栉比的百间楼，并且分布于 T 字状的远端。百间楼以居民建筑为主，一般为两层，一进或两进不等，常见两开间、三开间。

江南运河古镇的 T 字状聚落不止一座。与南浔 T 字状聚落相比，黎里古镇的聚落形态更加突出，因为黎里古镇的水系受太湖水系和浙江天目山水系的影响，镇区河荡交错，水网丰富。据《黎里镇志》记载，黎里河流为太湖水系的一部分，镇区水源来自浙江天目山，天目山来水由西向东，经平望莺脰湖、雪湖，到黎里与平望交界的杨家荡、牛斗湖，从望平桥进入市河黎川，流经全镇各条水道。境内河道纵横，湖荡密布，河道、湖荡与溇浜、池潭构成稠密的水道网络。黎里市河经黎川水道与天目山来水相交汇，形成大 T 字状，因此聚落形态也呈 T 字状。

三、十字状

纵横交错的河流因受自然环境的影响，有的为十字状。十字状的聚落一般依托主干河道（即市河）形成。相对于汊港、水弄来说，市河河道跨度较大，河水较深。因此，沿主干河道构筑聚落是居民的首选，聚落以主干河道为中心向内陆辐射。以乌青镇为例，“乌青镇东西广七里许，南北袤九里许，分东南西北四栅，桐乡、乌程两境以南北市河为分界，镇如十字形，四正皆实，而四隅皆虚，故地址随长，而人烟并不稠密”[5]。十字形河道将乌镇分为东栅、西栅、南栅、北栅四部分。西栅的市河与古运河相接，运河水穿镇而过，来自天目山的苕、霅二溪流经乌镇，因此，乌镇的水网系统发达程度在江南运河古镇中当属一二，而丰富的水源使乌镇出现若干条十字交叉的河道。从整体上看，乌镇聚落形态为典型的十字状；从局部看，乌镇聚落由大十字和若干个小十字构成。这样的十字状形态也使得乌镇的桥梁有 120 多座。民居建筑、商铺、作坊等沿河而筑，形成了人家尽枕河的理想居住空间和水阁建筑奇观。茅盾在《大地山河》中曾这样描述江南水乡：“……人家的后门外就是河，站在后门口（那就是水阁的门），可以用吊桶打水，午夜梦回，可以听到橹声欸乃，飘然而过……”这也是乌镇最真实的写照。

周庄古镇也是较为典型的十字状聚落。周庄市河纵贯南北，南接南湖，向北注入北白荡和白蚬湖，中段与银子浜交汇，构成十字形。十字形的河道将聚落分为四大块，当然其中也有汊港水弄与市河交汇，但总体上看十字状形态较为突出。著名的双桥就坐落在十字交汇的两条河道上，那里建筑稠密，街市繁忙热闹，吸引了游客慕名而来。

十字状形态是针对聚落的大框架而言的。 但因江南运河古镇河网

纵横交错，一些汊河因流动方向不同会交汇，故十字状框架也常见于江南运河古镇聚落局部空间。

四、团状

江南运河市镇居民多以依河落户为便利，但人口稠密的市镇，或因人工疏导河道、构筑圩地，总会有居民择内陆构筑建筑，因此聚落整体有时会出现团状、十字状与团状或十字状与不规则形态融合的状况。

同里古镇位于太湖东部水系流域，江南运河东面，地势低平的环境，使河流在此交汇，淤积为湖、荡。湿地遍布的地理环境使同里的聚落呈独特的团状。“同里古镇区面积约 1 平方千米，居民 2000 余家。古镇被十多条河渠分割成 7 个圩地，镇上居民似睡莲一般安详地坐卧在清流碧波之中。”[6] 圩地是指在浅水沼泽地带或江河湖海的淤滩上围堤筑圩，围地圩内，挡水于外，圩地内开沟渠，设涵闸，实现排水利田。元、明时期同里逐渐南移，因镇内三条东西向市河并行构成川字形，又名同川。但到了清乾隆时期，行政区域重新调整，原来居住在同里镇的水民将数亩放生河填塞，构筑房屋，遂成闹市。由河网围合的圩地多为团状且大小不同，民居建筑沿河而构，继而向陆地中心延展，因此形成了不规则的团状聚落。

团状聚落使同里古镇的形态更加紧凑，建筑组合也更加紧密，拉近了人与人的距离，也使人心相向，人们和睦相处。团状聚落形态在江南运河古镇中并不多见，这一聚落形态是充分发挥了地理环境优势的结果，同时也是人巧妙利用自然环境、人与自然和谐共生的表现。

五、树状

树状聚落的形成主要取决于河道环境，其特征是以市河为主体，若干支流与市河交汇后向不同的方向流出聚落。如果把市河比作人的主动脉，那么支流就是毛细血管，它们是市镇聚落的骨架，是聚落形成的重要依托与基础，同时也是聚落中人与人、人与自然彼此依存、相互交融的媒介。而河道环境因水源、地势、地理位置情况而不同。因此，不能简单地将有交叉河流的聚落都称为树状聚落。

历史上的新市古镇周边河湖密布，草荡遍野，其河网纵横，水系发达，市河从聚落中斜贯穿过，连接两端的河湖。隋代，京杭大运河与江南运河贯通，使新市位于江南运河中线的交通要道上，起到了货运中转的作用，京杭大运河上第一座大型水运码头也由此诞生。两宋以来，新市从重要的军事要地向经济重镇转变，成为理想的寓居地，人口密集，经济迅速发展，一跃成为江南巨镇，聚落不断壮大，人们除了选择在市河两岸居住、经商、从事手工业外，在市河的支流边居住也是不二之选，这样就形成了以市河为中心、向支流两岸辐射的聚落形态。俯瞰新市古镇，依稀可见树状形态。若干条分叉或交汇的河流成为新市聚落的根脉与骨架，而不胜枚举的桥梁建筑作为连接点把住在不同区域的居民联系起来，彼此依托，相互融合。

第四节 江南运河古镇聚落建筑构成特征

江南运河古镇聚落居民构成多元，建筑形态丰富，民居、商铺、作坊、园林、亭台楼阁廊、寺庙、道观、桥梁、廊棚、街巷、驳岸、河埠都是聚落构成的主体。行走在聚落空间内，沿街商铺透露出浓郁的商业气息，走进多院落组合的宅第建筑可以窥见古镇曾经的繁荣，通过园林景观的构筑形态可以感知到文人气息。

一、普通民居

民居建筑是江南运河古镇聚落的重要构成部分。受地理环境及经济文化发展的影响，民居建筑呈现多样化。不带院落的民居称为独立式民居，有一个庭院的民居称为单院落式民居，由多个天井式院落组成的称为竹筒套院式民居，有多个院落的民居建筑称为多进式宅第民居。民居建筑空间大小取决于建造者的财力，在寸土寸金的市镇中能有一席之地主要靠财富积累。建筑的规模是居住者财富的象征，这也是民居建筑呈现多样化的主因。

（一）独立式民居

独立式民居是指不带院落的单体建筑（图 4-10），这类建筑一般临河或面街，因为受空间的限制，建筑紧贴水面与街道。这类建筑结构简洁，多为两层，开间不等。此类建筑以人字形硬山顶式屋顶为主，在建筑密集的地区，屋顶两侧设计有封火墙，建筑正立面以大门为中心呈对称分布。这类建筑一般坐落于沿河一带，因受地块形状和面积限制，无法纵深扩展的情况下只能以单间、双间、三开间、四开间等横向展开。独立式建筑多以商铺、小手工作坊为主。

（二）单院落式民居

单院落式民居是指由主体建筑、东西厢房与大门、院墙组合而成的院落式民居，建筑外轮廓一般为呈四方形（图 4-11）。这类建筑分布比较广泛，不限于沿街、沿河，但建造取决于地势、地形及建造者的经济水平。单院落式民居一般将三开间作为正厅，设有东西厢房，与正厅相对，在中轴线上设有出入院内外的院墙及大门，中间为院落空间，这类建筑为三合式院落。三合式院落建筑正厅一般为硬山顶式双坡面屋顶，为了采光、通风、防水并有足够的院落空间，东、西厢房纵深空间压缩，屋顶设为单坡面，并沿屋脊延伸出封火墙。但因占地面积和正厅开间大小不等，也有将正厅以及东、西厢房设为双坡面屋顶的，而双坡面多见于四合院民居。四合院是指建筑四面由建筑围合而成。江南运河古镇聚落中的四合院与北京传统民居建筑四合院不同，江南市镇四合院因为朝向、地块等特点有着多样性，并不遵循北方四合院以北为上，东、西为下的伦理秩序。江南运河古镇聚落中的中厅可以设在东、西方位，厢房可以设在南、北方位，具体设在什么位置是由地理环境决定的，也有东、西厢房建筑为三开间者，为满足采光需要，南、北对应的建筑中间只能设计为厢房或廊屋。也有将院落内的正室、东西厢房面朝庭院的一面设计为凹字檐廊的，一方面可以增加院落的活动空间，另一方面在多雨的江南，连廊方便出入院落中不同的建筑空间。当然四合院民居中也有院落四面设有檐廊的，檐廊成为院落与建筑的过渡空间。除此之外，江南运河古镇聚落中合院建筑的屋顶与封火墙的设计也因建筑主体形态而灵活多变，厢房运用单坡面，正厅则一般运用双坡面硬山顶。

图 4–10 独立式民居

图 4–11 单院落式民居

在一定程度上，院落空间是依附于建筑物而生成的，有的院落由建筑围合而成，发挥了天井的作用，这种院落又称为天井式院落。加上江南运河古镇大多坐落于水网系统发达的地带，河道东西、南北横贯市镇，围合而成的地形多为不规则形态，受陆地面积影响，建筑格局、朝向多元化。

（三）竹筒套院式民居

竹筒套院式民居是江南运河古镇聚落中常见的一种建筑形式。其纵深大于面阔，利用天井连接建筑物，天井既是院落空间的一部分，又是由陪弄、回廊、厢房围合而成的空间。陪弄是居住者出入各个院落空间的主要通道，同时也是套院的连通器，将分布于不同空间内的建筑、天井连接为一个整体。套院民居有单独院落、合院的结构形态，也可以看成是多个不同合院的组合，主要受地理环境及位置的影响，建筑面阔一间、三间不一。为了满足生活以及工作的需要，建筑以街面为基础向内陆延伸为瘦长形，因为形态有点像竹筒而被当地居民称为竹筒套院式民居。竹筒套院式民居与多进式宅第民居不同，多进式宅第民居讲究伦理空间秩序，且空间尺度和人居环境上更为开阔、恢弘。

（四）多进式宅第民居

多进式宅第民居指贵族官僚或士绅人家的住宅。相比单院落、竹筒套院式民居，宅第民居规模较大，且更为讲究。多进式宅第民居在江南运河古镇聚落中较为常见，大多数建筑群为中轴对称，由多个院落组成，常见的有三进、四进、五进院落，不同建筑有不同的功能，有厅堂、书房、厨房、绣房等，分别处于不同的空间中。多进式宅第民居在建筑尺度、结构设计、材料应用、装饰设计、室内布置、家具设计上较为讲究，与竹筒型套院式民居相比，其建筑空间更大，庭院更开阔，门楼设计颇为讲究，门窗构造也比较精致，同时带有主题性的装饰。在室内布置上，一层地板采用江南生产的方砖，民国时期有钱人家采用外国进口花砖；二层采用实木地板，正厅设有木板构成的庭壁，其上挂名人字画或竹刻书法，正上方挂有堂号牌匾，与之相应的是木制或竹制的对联，挂于正厅的柱子上，正厅庭壁前放置的家具一般以原木制成，制作精致。

二、商铺建筑

商铺建筑是江南运河古镇聚落中最为普遍的建筑形态之一。商铺建筑一般沿河、沿街构筑，多为上下两层，上面为生活空间，下面为经营空间，也有前面为经营空间、后面为生活空间者。商铺建筑往往承担着多种功能，集经营、居住、生活于一体。根据建筑构造，又可细分为下商业上居住式、下商业上作坊式、前商业后作坊式以及前商业后居住式。江南运河古镇聚落中的商铺类型齐全，经营范围较广，有丝绸店、粮油店、布料店、农具店、书店等；有一部分商店收集商贩手中的货物或周边乡村农户的农作物、经济作物，然后直接卖给商户，再由商户转卖运送到四面八方；有专门的手工艺店铺，如竹器店、木器店、铸器店、裁缝店、刀具店等；也有从事服务行业的店铺，如磨剪刀等的店、农具修理店、理发店等；除此之外，还有满足民生需求的饭店、旅馆等。

三、作坊建筑

作坊建筑可分为大作坊、小作坊。常见的大作坊有酱油坊、油坊、染坊、糕点坊等，一般设有厂房和晒场，占地面积较大，生产与销售分开。小的作坊一般与商铺混合，也就是在后院进行加工制作，前面作为商铺进行销售，如磨坊、油坊、豆腐坊、糕点坊等。小的作坊因占地面积较小，根据实际情况而生产、售卖一体化，或者居住、生产、售卖三合一，这类作坊又称为家庭式作坊。作坊一般设在一层，便于搬运货物和买卖交易。有的沿河作坊在生产、零售的同时，还将生产的物品卖给商贩，因此，在市镇聚落中，通过作坊进行买卖交易是快速而行之有效的。

四、公共建筑

（一）寺庙建筑

在历史发展过程中，江南运河流域曾经经历几次人口大迁徙，一次是西晋永嘉南渡，北方士族、百姓大规模南迁；一次是宋室南渡，中原士族百姓南移，有一部分定居于杭嘉湖平原上的城市及市镇聚落。从民居建筑装饰风格可以看出，佛教文化在江南运河流域较为盛行，尤其是南北朝时期中原士族南移，促进了文化的传播与交融，在随后的数个朝代里，佛教文化繁荣发展。唐代诗人杜牧在《江南春》中写道："千里莺啼绿映红，水村山郭酒旗风。南朝四百八十寺，多少楼台烟雨中。"诗中详细描写了江南春天的景象，南朝遗留下来的许多寺庙都在烟雨朦胧之中，由此说明南朝佛教文化发展空前绝后，而文化又具有传承和延续性，佛教文化也不例外。今天，寺庙建筑仍是江南运河古镇聚落的重要构成部分，几乎每一个古镇聚落都会有一座一定规模的寺庙。因受市镇聚落空间限制，寺庙建筑规模不是特别大，小型的只有一进院落，大型的有多进院落。寺庙建筑因供养对象不同而分为庙、庵、观、宫、寺、院、殿、堂、阁等。寺庙建筑存量较为丰富的当属新市古镇，历史上以“寺庙多”而蜚声江南。寺庙建筑因供奉对象不同而取相应的名字，一般临水而构筑，造型受功能和地理环境限制而不同，主要以黄色、红色、黑灰色为主，建筑样式以庑殿式、硬山顶、悬山顶为主。新市现存的寺庙建筑有寺、庙、宫、庵、楼，寺有觉海寺、双塔寺、南寺、慧通寺，庙有刘王庙、关帝庙、药王庙、五猖司庙、大王庙，宫有三元宫、东岳行宫，庵有西竺庵，楼有陆仙楼。

（二）桥梁建筑

江南运河古镇聚落中河港纵横交叉，形成面积大小不等的陆地，有的是彼此孤立的，但桥梁将分开的陆地连接一个整体，不仅方便了居民生活，还加强了聚落中人与人的交流。江南运河古镇中的桥梁可分为拱桥、板桥和廊桥。拱桥又可分为单孔拱桥、三孔拱桥；板桥有单柱两板、双柱两板、三柱三板几种；廊桥是指带有“屋顶”的桥，主要起到遮风避雨的作用。拱桥一般中间隆起，两边低，桥面设计有石阶。板桥一般由平面石板构成，桥面平整度较好。桥在供人们行走、发挥沟通的作用的同时，还可以供过往行人驻足停留，欣赏河道的风景。作为文化符号，桥发挥了景观的作用。江南运河古镇聚落因水而兴，水因桥而灵，桥是水文化的一部分，例如过去同里传统婚俗有走三桥的礼节，走三桥还成为今天同里古镇旅游中一项重要的民俗风情展示活动。桥还常常作为核心景观出现在艺术家的画作里。当代画家陈逸飞的油画作品《故乡的回忆——双桥》曾轰动国际艺术界，也使坐落于苏州吴江的小镇周庄吸引了海内外观光客、艺术家慕名而来。江南运河古镇聚落中的桥梁千姿百态，因地制宜，几乎没有一模一样的造型，原因是河道环境不同。桥一种为官造，另一种为民造。官造是政府出资，

组织工程实施；民造一般由乡绅出资或民众募集资金。桥的题名和落款都颇为讲究，桥名有以"德"字为主的厚德桥、广德桥等，有以"济"字为主的广济桥、普济桥、仁济桥等；也有较为诗意的桥名，如揽秀桥、月波桥等。与桥名相衬的是桥联，几乎每座桥都有自己的故事和文化。

（三）廊

廊原本是中国传统庑殿建筑周围的回廊部分，后被抽离出来成为独立的建筑形式。在江南运河流域，受气候和环境影响，雨水较多，构建廊的目的主要是遮雨。廊是江南运河古镇普遍存在的建筑形式，其依靠主体建筑，一般沿河构筑在公共道路空间中。虽然廊最初的作用是遮风避雨防晒，但廊也是居民交易的空间，是沿街店铺经营空间的外延。廊因位置、街道宽窄不同分为半坡廊和人字形廊两种。作为建筑整体构成部分延伸至街道上空的廊，称为骑廊。廊有穿斗式结构，也有抬梁穿斗式结构，因空间环境而异。聚落公共空间中的廊与园林中的游廊不同，前者简洁、朴素，后者复杂、讲究。

五、园林

江南运河古镇园林虽不如苏州拙政园、狮子林占地面积大，但亭台楼阁、自然景观一应俱全。不同的是市镇水系发达，园林利用有利的地理环境理水造景，讲究的是适宜、别致，每座园林都是一幅独特的风景画。

（一）亭

江南运河古镇亭式建筑的营造，秉承了传统造园法则，因位置不同、构造方式不同而形态不同，有八角亭、六角亭、五角亭、四角亭、圆亭、扇形亭等，营造结构则因形态、体量、环境不同而有攒尖、庑殿、歇山、悬山、卷棚、十字脊和重檐等。按所处位置，分为开放式和半封闭式；按构造方式，可分为立柱式、墙垣式。亭没有固定的形式，也没有不变的位置，有的矗立于湖心，有的立于水岸，有的与游廊相连，有的立于山巅等。亭的位置不同，所处空间不同，高矮、大小存在差异，以呈现诗意空间、点景生情为核心。如南浔小莲庄园林中有各种各样的亭，立五角亭于瓢柄转弯处，铁皮亭与曲线桥相望，半山型双层四角亭紧依墙垣构筑，中心是别具匠心的漏明窗，借入内园景色，顺着亭廊前行有园亭映入眼帘，以不同角度看不同位置的亭，都会欣赏到不同的景致。因地制宜建造、灵活设计的亭为园林景观增添了生命活力。

（二）台榭

“中国古代将地面上的夯土高墩称为台，台上的木构房屋称为榭，两者结合为台榭。榭同时还指四面敞开的较大的房屋。唐以后又将临水的或建在水中的建筑物称为水榭。”[7] 江南运河古镇园林中的水榭一般是一面临水或一部分伸展于水面上或建造于水中的建筑。水榭布局不拘一格，有的与楼阁建筑相接，有的与游廊相连，有的与桥相接，也有的独立构筑于水岸，主要受园林空间和造园师规划思路的影响。水榭与亭不同，一般以石材做地基，以深入水中的部分立石柱作基石，石基上建构木结构体系。水榭形态多为矩形或方形，运用木结构形成包围或半包围的空间，在墙槛上设置木雕漏明窗，屋顶有歇山顶、庑殿顶、重檐悬山顶式等形态。讲究的水榭设四面花窗，设两处进出的门洞，也有三面筑墙的，墙上开各种形状的漏明窗，临水一面全开，设格栅门，以方便出入陆上和水岸观景，水榭在回廊上设有美人靠，因此水榭是极好的观景平台。当然，建在水中的水榭，需要通过桥梁连接，这类水榭周边设有回廊，墙上设有漏明窗，可以移步换景欣赏园林风景。江南运河古镇园林中的水榭同时是读书、对弈、会友的空间。

（三）楼阁

楼阁指中国古代建筑中的多层建筑物，可以登高望远处的风景。楼和阁在早期是有区别的。楼是指重屋，例如嘉兴南湖湖心的烟雨楼、武汉长江边上的黄鹤楼等，楼一般为多层建筑，有的建在高台之上并且容易成为建筑群中的主体建筑。阁是指下部架空、底层高悬的建筑，一般为两层以上。后来人们将楼、阁并称，将两层以上的建筑统称为楼阁。园林中的楼阁建筑一般为方形，多为木结构，有多种构架形式，主要有井干式和重屋式，井干式[1]是以方木相交叠，垒成形如井的木围栏样的结构，重屋式是将单层建筑逐层重叠而构成整座建筑。江南运河古镇园林中的楼阁建筑以重屋式为主。楼阁一般建于水岸或园林核心区域，也有偏于一隅的，但楼阁建筑一般是园林中的制高点，高于亭、台、榭、轩、坊。楼阁主要的可利用空间为第二层，作藏书画之用，同时也是很好的观景台，站在楼阁建筑二层基本可以将园林中的山、水等自然景观尽收眼底。

（四）游廊

明代江南造园家计成在《园冶》中写道："廊，庑出一步也。"廊最初是建筑的一部分，是宫殿、楼阁、水榭的一部分，围在建筑的周边，后来发展为独立的建筑，如园林中的游廊。廊是园林不可或缺的一部分，如果把亭、台、阁、舫、轩等景观看作散落在园林中的点，那么廊就是园林中的一条线，因为游廊有效地利用水岸和墙垣之间的空间，逶迤于水岸一侧，将沿途的景观连为一体，形成园林中的景观。廊多用于观览风景。廊有人字形屋顶，可以遮风避雨防曝晒，廊柱之间设有美人靠以供行人坐靠小憩。游廊是园林中建筑与建筑之间的灰色空间，建筑与建筑连接有时借助廊，有时在庭院建筑中沿建筑和庭

1　井干式，与干栏式不同，最大的特点是既不用柱子也不用梁，只是将建筑四周用圆木或方木等层层叠垒，木头与木头交接处交叉咬合。

院设置回廊或凹字廊。廊因建筑空间尺度而定长短，随地势而设计为曲线形、直线形或折线形。以小莲庄园林为例，廊亭相连，间隔构成，与垣墙相接，绵延于莲花池水岸。五曲桥随河岸形状而蜿蜒向东，在地阔处，三折游廊与退隐小榭相连。廊大部分沿水岸行走，与墙垣并行而立，行走在廊中，临河的一边使人移步换景，欣赏湖中或对面的美景。退思园的游廊设计就颇具匠心，呈逶迤曲折和高低起伏之势，走在游廊中，人在画中游的体验感十足，随着俯视、平视、仰视的视角变化，形成深远、平远、高远的视觉体验。游廊的设计还通过借景的方法把墙外的风景借进园中，游廊中一个个漏明窗犹如移动的相框，行走在廊中，有欣赏不完的美景。总之，廊在园林中即是景观自身，又可以作为观赏景观的空间。

（五）景观桥

桥为连接水岸、贯通陆地的建筑，园林中的桥更为小巧、讲究。从形态上看，有拱桥、板桥、折线桥三种。最为常见的是折线桥，折线桥一般与陆上建筑或观景路径相通，与湖中的亭子、水榭相连，折线桥的设计延长了观者在河面上停留赏景的时间，充满了浪漫主义色彩，如有的水岸植栽紫藤花，延伸至桥上方，桥与自然景观融为一体，又增添几分意境。拱桥一般作为此岸到达彼岸的连通器，也有为了造景，在跨步可越的河道上建造拱桥的。板桥一般指石板桥，折线桥一般由石板构成，也有单独的板桥，多由双板和两排立柱构成。桥本身有其实用价值，但园林内的桥充当了景观，有点景之功用。可以设想，如果园林中没有桥，园林景观将会少去多少诗意。

（六）山

建筑的灵气有赖于生态景观的衬托和渲染，其中少不了山和水两大主要元素。掇山是园林景观的重要构成部分，园林中的山有大有小、

有高有低，有土包山，有石山，也有单体的假山。求异、求稳、求险是掇山之要义。营造诗画美学是掇山理水之目的，因为山水交融是园林意境、意蕴体现的关键。“片山有致，寸石生情”是对园林中山石的准确描述。人们移情于山有两个方面的原因：首先，与山形具有稳定性这一特征有关。早在汉代，帝王的冕服绣有十二种纹样，其中包含山形纹，其寓意为帝王地位稳固、坚不可摧，这与山本身的特征相得益彰。其次，是受道教文化的影响。在道教中，山寓意有仙气，象征长生不老。因此，山在园林景观设计中被广泛运用，不仅因为可以装点景色，同时也是情感的寄托。

园林中的山一般为土石混合山和太湖石山。土石混合而成的山丘一般由理水时挖出的泥堆砌而成，这类山体积不大，但却大小得体，多则几十个台阶，由土、石混合构筑而成，形成石包土山，先以土堆砌小山丘，四周和顶端以太湖石砌起，上山小径由石阶层层堆砌，蜿蜒至山巅设有一座凉亭，凉亭为攒山顶建筑，顶尖高耸入云，几乎与周边高大的树梢同高，因为构筑于山巅，垂直于地面，凉亭的建造增加了山的海拔高度。这类山既是一处景观，又是休闲、乘凉之地，与园林大小比例协调，恰到好处。另一类太湖石山，没有设计台阶，直接由太湖石构成，以瘦、漏、皱、透为上品，又称为枯石。将瘦、漏、皱、透的太湖石立于园林中，一般以“峰”命名，象征高山。山峰起到点缀、烘托园林景观的作用。

（七）水

与山相比，水占地面积较大，根据天然地理环境而设计。水作为园林的心脏，其亭台楼榭均逶迤于驳岸之上，与水景观相互依存，相映成趣。植被自然地分布于四周，高低错落的绿色植物得到水的滋养，亭台楼阁则“犹抱琵琶半遮面”地蕴藏其中，小石桥、长廊、水榭等自然而然地连在一起。构筑于水岸的建筑至少有一面可以观看到池面，水岸大多以太湖石构筑，高低起伏，大小错落，绵延不断，高处构成山的形态，使得山水相互映衬、互补共生。山、水元素在园林中的作用可谓既点缀了境，又生了情。山、水的构成虽说是模仿了自然，但却又高于自然，在园林中起到了画龙点睛的作用。

江南运河古镇聚落的构成元素具有较强的地域性特征，但最为重要的是水，可以说聚落、建筑、园林无一不是因水而生。建筑依附于水，因水而有不同的形态；桥梁是因水而生，如果没有水就没有建造桥梁的必要；风雨长廊是因水而生，为人们遮挡风雨；建筑的庭院结构设计、空间的设计与水有关；园林构筑也以水为主，可以说无水不成园林。因此，水是江南运河古镇聚落的主体，也是市镇繁荣发展的通道。水维持着聚落生生不息，水是连通器，将南来北往的客人联系在一起，将周边的村民与市镇连接起来，促进了经济、文化交流。

第五节 江南运河古镇建筑空间组合特征

建筑群内部由不同的形态组合而成，常见的有长方形、方形两种，但因建筑群形态不同，建筑与建筑组合而衍生出不同的空间形式，如单院落为凹字形空间，多院落的有回字形空间，前商业后居住式建筑群内由备弄与庭院构成L形空间。总体来看，江南运河古镇建筑空间可以归纳为线形、网状、筒状、散点状。

一、线状组合

线状组合普遍运用于故宫建筑群、大型寺庙建筑群以及多进式宅第建筑群。虽然江南运河古镇水文地理环境独特而复杂，但还是有完整的地块用来构筑多进式宅第建筑群。建筑群是集居住、生活功能于一体的，不同的建筑因功能不同而分布于不同的位置，每一个单元建筑相互贯通，同时与其他单元建筑组合构成第三种空间，并且保持着传统建筑的方正、对称与平衡。从外部空间看，宅第建筑群中的建筑保持前后对照，分布在同一条轴线上，一庭院、一建筑交错、间隔有序，像是串在一起的珍珠，整齐划一，均衡舒展。线状组合不但运用于宅第建筑的整体布局，同时在内部空间中形成呼应，从入门到最后一进始终保持在一条直线上，可谓“里应外合”。

二、网状组合

网状组合主要出现在大型宅第建筑群中，由多套多进式建筑群并列组合而成，坐北朝南布局的建筑群呈东西并置、南北并行的状态。从外观看，建筑的墙垣、屋脊形成网线，庭院则构成网格。总体上看，整个建筑群像一张张开的网，将数个单元建筑和庭院网罗为一个整体，像极了棋盘格。当然建筑空间中的网格组合是相对外部空间而言的，其不同于建筑结构体系中的网格组合，因为建筑空间网格一般是通过结构体系的梁柱来建立的。由于网格具有重复的空间模数的特性，因而可以增加、削减或层叠，而网格的统一性保持不变。按照这种方式组合的空间具有规则性和连续性，而且结构标准化，构件种类少，建筑结构体系稳定。事实上，建筑外部空间的网状构成，不但使同一套系建筑群中的建筑与庭院、建筑与建筑紧密结合，也使建造时间不同的建筑彼此紧邻，互相借用墙壁或剪力，实现建筑群外在空间上的统一，同时也是在构筑牢固的防御体系，有助于安全防卫。

三、筒状组合

筒状组合的建筑有别于穿堂式的多进式宅第建筑群。多进式建筑群体型大、规格高，一般由商贾或仕人所建，且占地面积大，建造成本高，非普通百姓所能及。筒状组合的建筑的典型特点是建筑与天井较为瘦、窄，像竹筒一样狭长，这是由江南运河古镇地理环境的独特性决定的，市镇作为士、农、工、商的聚居地，人口相对集中，加上江南水网系统丰富的市镇水多地少，要在繁华热闹的市镇上有安家之所非容易之事，因此经济不太宽裕但又有资金来源的经商者、手工业者在置地构筑宅院时，临街构筑商铺、于后院居住便是上佳选择。加上市镇下辖周边乡村且是其经济、政治、文化中心，临街地皮有限且价格高昂，只有向后延伸成两三个天井式院落。为了方便出入，在商铺旁留有 1~2 米宽窄不等的弄堂，弄堂作为建筑群的主要进出通道，将整个建筑群串起来，像一节节竹筒一样形成一个整体。筒状组合的

建筑较为紧凑，主要通过天井采光，很少有真正意义上的庭院。窄长的外观以及建筑与天井的间隔重复恰似竹节与竹筒的凹凸。筒状组合的建筑的优点是可以有效利用空间，缺点是采光不佳。

四、散点状组合

园林建筑空间组合是自由的，甚至有些“散漫”，且建筑形式丰富多样，位置上也较为分散，可以说是“割据一方”，但又不是孤立的状态。园林建筑的构筑讲究的是合宜，而不是集中。从功能上讲，相较于民居建筑，园林建筑的构筑目的和使用价值是不一样的。民居建筑的功能是满足居住者的生活、安居需求，园林建筑则既可供赏景、游园小憩，又有点景的功能。园林建筑一般根据园林面积、地势环境、生态环境、池沼形态、水域面积等构筑，这就决定了园林建筑是分散的，而不是集中的，不同的建筑穿插于园林中的自然景观，整体上是穿插于不同的区域，与不同的景观融合，形成独特的风景。建筑散落在园林中，不但调和了园林的自然元素，同时增加了人文精神空间。从表面上看，建筑虽为散点式分布，但在造园家造园方法和思想的推动下却自然而然地融合在一起。此外，散点式空间表面上虽然是分离的，但在视觉与精神上却是高度统一的，每一个园林都有自己的造园精神和文化取向，而这些都蕴含于建筑的名称、装饰、楹联、匾额乃至形态中，它们体现了园主人的世界观及价值观，并且融于建筑的隐性聚力空间，这个聚力使分散的建筑形成整体。

注释

[1] 金淮，濮鑛 . 濮川所闻记：卷一 [M]// 陈学文 . 嘉兴府城镇经济史料类纂 .1985：14.

[2] 金淮，濮鑛 . 濮川所闻记：卷一：物产 [M]. 清嘉庆二十五年续纂刻本影印 .

[3] 顾祖禹 . 读史方舆纪要：卷 91[M]// 陈学文 . 湖州府城镇经济史料类纂 .1989：69.

[4] 湖州府志：卷 15[M]// 陈学文 . 湖州府城镇经济史料类纂 .1989：70.

[5] 光绪桐乡县志：卷 1[M]// 陈学文 . 湖州府城镇经济史料类纂 .1989：80.

[6] 阮仪三 . 江南水乡古镇：同里 [M]. 杭州：浙江摄影出版社 ,2004：78.

[7] 中国大百科全书编辑委员会 . 中国大百科全书 [M]. 北京：中国大百科全书出版社，1988：412.

第五章

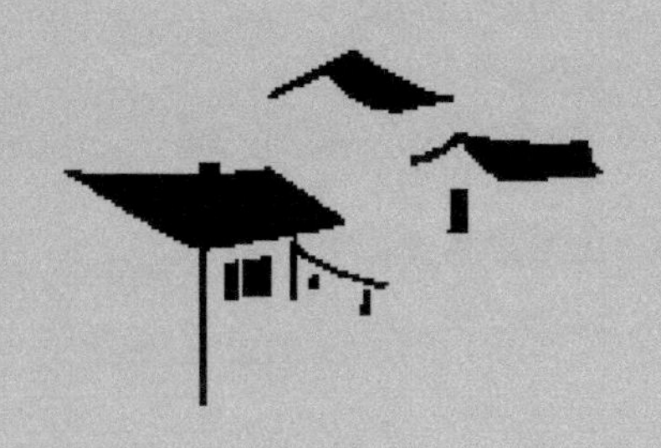

江南运河古镇聚落生态具有多样性和系统性，包含人文生态和自然生态。主要体现在聚落构筑以水生态为依托；建筑为木生态结构体系；建筑的墙体、铺地，屋面的砖、瓦由土生态构成；地基、驳岸、桥梁、街巷铺地由石生态构成；水、木、土、石以及不同的植被构成了聚落、园林、庭院的景观。可以说，水、木、土、石、植被等本身是自然生态，经过加工又形成人文生态，是构成江南运河古镇聚落的主要元素。自然生态和人文生态既相互影响，又相互依存。

第一节 人文生态与自然生态构成

所谓人文生态，是指伴随人类聚落的形成与发展而产生的文化内容。人文生态包括两方面：一方面指生存在自然界的人群建构的、对其他人的影响及这些影响的强度；另一方面指人群对自然界的影响以及这些影响的强度。从人文生态的内容看，自然生态与人文生态是相互作用的，很难截然分开。保护自然生态、改造自然条件、适应自然环境，都需要优化人文生态。[1]江南运河古镇聚落是一代又一代居住者适应进而改造自然环境的结果，是在利用自然生态的基础上，将民俗民风、宗教信仰、经济文化与政治制度结合而形成的独具地方特色的人文生态。江南运河古镇聚落以水网空间为基础进行聚落布局，以河道空间为依据进行桥梁设计与营造，以水体为中心进行园林布局与营建。人文生态元素则是以自然生态为基础，以高超的智慧与技艺构筑的形态。人文生态之所以不同于自然生态，是因为其中融入了人文精神和思想要素，变得更立体、更丰富，同时具有实用美学价值。纵观整个聚落空间，民居、商铺、廊、骑楼、桥梁、自然景观等合理、巧妙地融为一体（图 5-1、表 5-1）。

图 5-1　聚落构成

表 5-1　江南运河古镇聚落空间人文生态

类别	组成元素					
民居	单体建筑	合院建筑	多进式建筑	商用建筑	街廊	骑楼
园林	亭	台	楼、阁	榭	廊	轩
寺庙	塔	楼阁	大殿	廊		
街巷	市街	街弄	里弄	陪弄	水弄	
驳岸	公共码头	双落式河埠头	单落式河埠头	直踏式	层级式	
桥梁	拱桥	板桥	廊桥			

从聚落的构成来看，人文生态是主要构成。第一，民居建筑空间设计体现了传统的伦理秩序，建筑规模与进数体现了居住者的社会身份和地位，富有内涵及象征意义的木雕、砖雕、石雕等建筑装饰传递着居住者的文化价值观。第二，园林中的亭、台、楼、阁、榭、轩、廊、桥等人文生态均体现着人的思想和艺术修养，景观中的书法艺术、篆刻艺术、装饰艺术等提升了园林的人文价值。第三，通过寺庙建筑可以认识古镇聚落的宗教信仰和文化。第四，街巷、弄堂是江南运河古镇聚落人文生态的一部分。第五，驳岸上的系船石刻的不同纹样，如瓶升三戟、如意符号、定胜纹等，寓意平安如意。第六，桥梁作为公共空间中的建筑，是居民情感交流和沟通的纽带。不难看出，以上人文生态体是以自然生态为基础由人建造的，是思想精神的物化表达。

自然生态作为人文生态基础，除了关系到聚落的繁盛和发展，还关系到建筑形态的营造。江南运河古镇聚落中的自然生态元素可谓无处不在，是聚落构成的一部分，既存在于建筑空间结构中，也是建筑材料的来源，同时还是景观的一部分，为人们提供舒适、惬意的生存环境。由此看来，人文生态与自然生态同等重要。如果从人文生态和自然生态构成的共性来看，可以概括为水、木、土、石、植被五种生态元素（表 5-2）。

表 5-2　生态元素在聚落中的构成

生态元素	构成名称				
水	运河	市河	港汊	湖	塘
木	梁	柱	枋	门	窗
土	砖	瓦	脊饰	铺地	构件
石	太湖石	寿山石	武康红石	武康麻石	花岗岩
植被	莲	玉兰	蜡梅	竹	松
	海棠	紫藤	金银花	樱桃	红枫
	枇杷	垂柳	迎春花	芭蕉	香樟树

第二节 水生态构成

水是农业发展的基础，滋养着蚕桑、稻田等，因此，人们从事农业、手工业生产活动离不开水，说水孕育了江南运河古镇聚落一点儿也不为过。水具有流动性，既可以将镇内的居民输送至四面八方，又可以将五湖四海的人聚集于聚落，曾几何时，水是江南运河市镇居民对外交流的桥梁和纽带，也是市镇聚落繁衍生息的基础、促进商贸繁荣发展的通道。以南浔古镇为例，其依托蚕丝丝织品贸易逐渐发展成富甲一方的江南巨镇，与发达的水系有着密切的关系，近则来自十里八乡的商户、手工业者一般会择市河聚居而进行营商、买卖，远则航行于运河中的南北货船在此停泊交易。可以说没有水，就没有枝叶茂盛的桑树，就没有细腻、明亮、雪白的桑蚕丝，也就没有居民富足的生活，也就诞生不了富甲一方的丝商巨贾。

水除了具有农业、商业、手工业价值之外，还是聚落居民赖以生存的空间（图 5-2）。在水多地少的江南运河古镇，水不但是居民生存、聚落发展壮大的基础，同时也是市镇繁荣发展的保障。清人吴锡麒诗中写道："东西水栅市声喧，小镇千家抱水园。"形象地写出了当时南浔东西水市热闹的景象，也从侧面反映了市镇依水而居的生活气息。另外，有的水上贸易活动在夜间开展，孙宗承《菱湖纪事诗》中就曾写道："夜市灯光匹练拖。"人们除了利用天然水道进行生活、生产，还学会了理水造园。江南运河古镇聚落中分布着大小不同的园林景观，园林独立成景，集建筑、山、水于一体，利用河道的天然优势，引水筑湖，以湖为中心，营造亭、台、楼、阁、榭、轩、廊、桥，借湖景进入建筑空间，以水景为中心展开移步换景式的体验。

（a）西栅市河

（b）东栅市河

图 5-2　乌镇市河

如果园林是直接引水构筑，那么庭院空间的景观则用于收集雨水，其空间与结构设计有利于将雨水收集于庭院内，传统上称为“四水归堂”，这些雨水既可以用来浇灌庭院内的植被，又可以滋养缸内的金鱼，一举多得。

江南运河古镇聚落中的水生态有直观的，也有隐形的。直观的是可以看得到的河、湖、塘、浦，隐形的是由水生态元素构成的木、砖、瓦、植被等。例如，对于建筑来说，木得水而成材，可以用于建造房屋；砖瓦的基础材料为土，但其成型离不开水，用砖瓦来建房子，也能经受住水的考验；土如果不加水就是一盘散沙，无法塑形，加水变成泥，泥可以用于模印，可以塑成各种各样的造型，晾干或烧后可以用来雕刻。水滋养着人，同时也滋养着自然植被，水赐予植被茂盛的枝丫，使其绽放生命，成为装点园林、修饰建筑空间的主要元素。

今天，水仍然是江南运河古镇吸引海内外游客的要素，水上游览是最受青睐的体验项目之一。江南运河古镇聚落因水而生、因水繁荣、因水延续，更因水保持着钟灵毓秀的诗意栖息地的魅力。

第三节 木生态构成

木材被普遍应用，与其性能有密切的关系。树木汲取大地的营养，在阳光的沐浴下成长为“材”，自带温和的性质，具有良好的保温性能和亲和力。木材可以调温解湿，耐水性较好，有很好的环境学特性。在中国传统文化中，木材是生命繁盛的象征。与石材相比较，木制品既可以榫卯结合、钉胶结合，又可以用金属连接件结合。木材具有较强的装饰性，本身具有天然的美丽花纹，是制作室内家具的首选材料，同时可以雕刻精美的纹样，装点建筑结构及室内空间。木材也有缺点，如易燃、易朽、不耐虫蛀、干缩湿胀等。因此，木建筑要经常修缮。木材有致密的肌理，经过合理的结构设计，通过采用不同的营造技艺，既可以承受一定的重量，支撑屋宇空间，又可以做成盛放物品的器具、供人使用的家具。木材的特点是易于造型，可方可圆、可长可短、可厚可薄，可做成柱状，也可做成板状，其形态多样，用途较广（图5-3）。

（a）木结构

（b）木板门

（c）木雕牛腿

图5-3 建筑中的木元素

随着木材加工工艺水平不断提高，形成了较为成熟的木作技艺体系，使建造不同形式、不同规模的建筑成为可能。建筑中木材构造技艺分为大木构件和小木构件两大门类。大构件包括栱、枓、梁、柱、枋、穿、檩、椽等构成屋架结构的构件。小构件包括门、窗、障日板、照壁板、堂阁内截间格子、楼梯、平綦、垂花门、勾阑、垂鱼、惹草等。在宋代，木作技艺较为成熟，建筑木构件种类多达 50 多个。木材在江南运河古镇建筑中应用广泛——大到建筑的梁、柱、枋、斗栱、檩等构成建筑的框架体系；小到商铺建筑用的条板门，宅院中的双扇板门、单扇板门、垂花门、槛窗、支摘窗等。木材还用于分隔室内空间，用作厅堂的影壁、卧室铺设的地板等。与木结构建筑相配套的家具也多为木制，从厅堂摆放的条儿、桌、椅到卧室使用的衣柜、床、梳妆台等都离不开木材，甚至梳子、装东西的盒子都为木制。木材可谓无处不在。

第四节 土生态构成

土，既是指建造房屋、种田所依附的土地，又是指由土制作的砖、瓦等建筑配件。制作砖、瓦用的黏土基本为就地取材，但制砖和制瓦的方法有所不同。《营造法式》“窑作制度”就制砖坯作了详细的规定：“凡造坯之制：先用灰衬隔模匣，次入泥，以杖剖脱曝令干。”[2] 明清时期制砖需要经过晾土与沤泥、踩泥与摔打、造坯、晾坯、装窑、洇青六道工序。经过脚踩和摔打的泥，运用模具造成坯，晾干后再入窑烧制，还原烧成蓝色，氧化烧成红色。砖被广泛应用于建筑营造与室内外铺地（图5-4）。砌墙的砖出窑就能用，但铺地用的砖则需要经过切割、修整、水磨方能使用。制瓦的方法早已有之，《营造法式》“窑作制度”：“造瓦坯：用细胶土不夹砂者，前一日和泥造坯。先于轮上安定札圈，次套布筒，以水搭泥拨圈，打搭收光，取札并布筒晒曝。”“凡造瓦之制：候曝微干，用刀切画，没桶四片。线道条子瓦，仍以水饰露明处一边。”[3] 干窑的造瓦程序、方法也与传统制作瓦的程序、方法相似。瓦有板瓦、筒瓦、瓦当、滴水之分，用途和功能不同，制作方法也略有差异。砖、瓦具有一定的硬度和强度，砖用于砌墙较为稳定、牢固，瓦用于铺盖屋面、墙体，可以防水。因砖、瓦又具有略微的吸水性且耐暴晒，因此持久性较好。

随着建筑营造技术日渐成熟，砖、瓦的制作技术变得多样化，可以生产不同尺寸的砖、瓦，既可以一次加工成型，又可以二次雕刻。不同的砖、瓦有不同的功能，被用于不同的建筑结构。

现存江南运河民居建筑中砖的形态多样，用途广泛，常见的有方砖、

(a) 方砖　　(b) 砖雕　　(c) 条砖

(d) 屋面上的瓦

图 5–4　建筑中的砖瓦元素

条砖、压阑砖、砖碇、牛头砖、镇子砖等。黏土具有较强的可塑性，可制成各种功能的砖，因为功能不同，砖的尺寸、厚薄也不一样，例如条砖可用来砌墙、抵御风雨严寒，若砌筑高大的围墙，还可以用于防卫，封火墙则可以用来阻挡火的蔓延。由于江南运河古镇聚落建筑以砖木混合为主，受建造成本与建筑体量的影响，产生了空心和实心两种砌墙法。空心墙每四块条砖为一组，上下两块平放，内外两块侧放，左右两块侧放，构成一个长方体框架，形成空心并在空心内填上砖瓦等边角料，然后重复叠加、垒砌，形成稳定而完整的墙体。与空心墙的砌法完全不同，实心墙是由平放的砖块叠加构成的，中间不留缝隙，稳定而结实。当然，也有财力雄厚的家族都用实心墙构筑建筑，厚实、稳定性强。方砖、条砖可以铺成室内地板，整洁、统一，且防滑、防潮、防火、防水，美观而实用。还可以通过交错、叠加的方法制作成各种

样式的漏明窗，用不同的方法拼出各种花样，起到透光、借景的作用。由于砖的硬度适中，可以在其上雕刻文字，以山水、园林、人物、花卉、锦纹等图样，用于砌筑门楼，起到装点门面的作用。除此之外，砖还可以用于垒砌花坛、分隔空间。

与砖的厚实、方正不同，瓦较薄，但用途也很广，具体可分为筒瓦、板瓦、瓦当、滴水、脊兽瓦等。板瓦用于建筑的屋面、屋脊之上，因为用途不同，铺设方法也不一样。除了用于屋面防水，板瓦还用于叠置各种漏明窗，多用于庭院或园林，板瓦还与鹅卵石一起用于铺地，构成不同的花样。瓦的形态不同，用途也不尽相同，例如筒瓦用于殿、阁、堂、厅、亭、榭之上；滴水瓦用于屋檐，与板瓦相接，以引导水流；脊兽瓦用于屋脊。

黏土制成的砖、瓦在建筑营造中的作用与价值显而易见。除此之外，黏土还是庭院、园林造景的基本材料，用于掇山，周围用太湖石包围，以防水土流失，并保持山的高度，为植栽景观提供充盈的土壤；也可用于盆栽，美化庭院和室内环境。

第五节　石生态构成

石头的视觉和触感冰冷，但其具有其他材料不具备的优点——质地硬，不易风化，耐水性好，耐火性强，承重力好，持久性强。江南运河古镇聚落中的建筑地基、门墩、门框，桥梁、驳岸、街道等均由石头砌成（图 5-5）。虽然建筑所用的石材购置成本较高，但在水多的市镇聚落中，石头具有其他材料不可替代的作用，石头耐腐蚀，可以有效保证桥梁、驳岸、码头等建筑物的稳定性，使之经久耐用。因此，石材是传统建筑营造不可或缺的材料，并且在营建历史发展中形成了较为成熟的制作工艺和构造技术。《营造法式》中记载：“造石作次序之制有六：一曰打剥；二曰粗搏；三曰细漉；四曰褊棱；五曰斫砟；六曰磨礲。”[4] 石作有一套严格的工艺技术，也有固定的用途和严格的尺寸，常见的有柱础、角石、角柱、压阑石、踏道、重台勾阑、门砧限、止扉石、井口石、桥石、驳岸石、河埠石、门框石、门墩石、假山石等。

(a) 桥梁

(b) 驳岸

(c) 街道

图 5-5　聚落中的石元素

江南运河古镇聚落所用石材，大部分来自湖州安吉武康等地，其中，武康石是较为有名的石材。武康石产自防风山，防风山位于武康以东约8千米处，采石始于唐代，盛于两宋，后遭禁止。武康石主要用于桥梁、建筑以及园林的假山。武康因临东苕溪，有密集的水网，又有运河之便，通过水路，武康石被运往江南各地，甚至顺运河北上，运至汴京。武康石属于火山喷出岩中的熔结凝灰岩，它的质地硬度适中，与古代采矿技术、生产力水平相适应。武康石自然状态多呈淡紫色，少数呈黄褐色，历经风雨侵蚀后会氧化为紫色。在古代，由于紫色象征着祥瑞，因此人们习惯称之为“武康紫石”。武康石纹理清晰，可以用于各种大型建筑的材料，同时也能雕琢出复杂的艺术图案。因武康石略具吸水性，湿润的岩体常有藤蔓攀援，苔藓衍生，呈现自然朴素之美。武康石用于建筑，与天然的木色、砖瓦灰色相协调。因产地不同，石头的材质也相差甚远，仅武康一地就有四种石材，分别是武康紫石、武康花岗岩、武康青石、武康黄石，其中武康花岗岩最为常见，花岗岩构成纹理粗糙，是造桥梁、建筑地基、驳岸、河埠、街巷铺地的首选材料，因为武康花岗岩矿物质含量多元，紫中带有黑、白、黄等麻点，又称武康麻石。武康花岗岩主要用于明清时期的建筑和桥梁构造，因其表面具凹凸不平的肌理感，用于构造桥梁、河埠、港口、码头以及铺设道路具有良好的适用性，即便是雨中行走在上面也不用担心滑倒。武康青石则不同于武康花岗岩，其质地细腻，打磨后光滑，经过雨水浸润后颜色为深绿色。武康青石是制作庭院、园林中漏明窗的优质材料，既易雕作，又易打磨，易于造型。

与武康花岗岩的实用性功能相比较，武康黄石是园林叠山的好材料，因为色泽黄褐，属于地表风化岩，具有纹理不清、块状形态不规则等特点，经过加工可叠成高而大的假山。因此，园艺界习惯把武康石称作“武康黄石”。武康石不仅满足浙北平原建筑、桥梁、假山的营建，同时满足山脉少、石材匮乏的江南运河流域的建筑用石需求。

第六节 植物生态元素构成

江南运河古镇聚落植被丰富，主要集中于公共河道、园林、庭院，常见的有垂柳、广玉兰、香樟树、桂花、芭蕉、蜡梅、海棠、紫竹、紫藤等（图 5-6）。垂柳为多年生乔木，生长较快，生长习性是喜光，喜温暖湿润的气候，耐寒，耐水性好，因此深受造园家的青睐，一般适宜栽植

（a）紫藤　（b）垂柳、莲花　（c）翠竹　（d）枇杷

（e）公共空间绿化

图 5-6　聚落中的植栽元素

在池塘、湖的岸边，以及亭、台、楼、阁的旁边，有掩映、造景的作用。

与垂柳的造景特点不同，莲花池几乎是江南运河古镇聚落园林的“标配”，莲花也是庭院建筑空间内常见的水培花卉之一，只不过在庭院建筑空间内，莲花是栽植在大缸内。莲花之所以受欢迎，与其被赋予深厚的文化内涵有关。自古以来，莲花用途广泛、意蕴悠长，佛教视莲花为圣洁、智慧的象征，道教视莲花为长寿的象征，文人士大夫以莲花象征冰清玉洁的高尚情操，原因归于莲花与生俱来的不凡气质。自古文人墨客通过书、画移情于莲花。“自李唐来，世人甚爱牡丹。予独爱莲之出淤泥而不染，濯清涟而不妖，中通外直，不蔓不枝，香远益清，亭亭净植，可远观而不可亵玩焉。”《爱莲说》中将莲花的特征、气质描述得淋漓尽致。

除此之外，传统吉祥纹样中与莲花有关的民间美术作品不胜枚举，如莲花童子图、并蒂莲，吃并蒂莲糕，象征男女好合、夫妻恩爱。莲谐音“廉”（洁）、“连”（生），民俗有“一品清廉”，喜联常有“比翼鸟永栖常青树，并蒂花久开勤俭家”，等等。不仅有动态的莲花，随四时变化而呈现生命张力；还有静态的莲花装饰纹样，呈现在建筑山墙、梁枋、铺地中。

与水中莲花相呼应的是岸上的植物，如四季常绿的翠竹、宛若蛟龙的紫藤、雄奇伟岸的白玉兰、摇曳生姿的芭蕉、芳香四溢的香樟树等。竹扎根于土地，不怕寒冬、酷暑，四季常青，被赋予不屈不挠的精神象征，因此被广泛用于园林。元代著名人文画家吴镇《野竹》：“虚心抱节山之阿，清风白月聊婆娑。”其中，“虚心”“抱节”较为贴切地道出了竹子的人文内涵。从内在的结构看，竹子呈筒状，心空、皮实，文人寓意虚心，也是中国谦让礼仪的体现。从外在造型看，竹子有一定的韧性，任凭风吹雨打，四季青翠，生命力旺盛，寓意四季常青。从气质上看，竹子有一种与生俱来的美德，其高耸入空，风吹摇曳，挺立于大地，有高风亮节之品格。小莲庄中竹林可谓一道独特的景观，挂瓢池水岸的其中一段是由竹林夹道而成小径，从中穿越忽明忽暗，有曲径通幽之感。加上文人对于竹的赞美，使竹子受众倍增，竹子的文化演变，有其历史的积淀。竹子心空的特征与佛教禅宗“空”的理念相呼应。北宋文人苏东坡“宁可食无肉，不可居无竹。无肉令人瘦，无竹令人俗”。郑板桥的《竹石》中写道：“咬定青山不放松，立根原在破岩中。千磨万击还坚劲，任尔东西南北风。”竹子被文人赋予顽强的生命力、坚挺的精神以及高尚的品质。因此，竹子成为文人托物言志的载体。除此之外，在江南一带，竹子被认为是吉祥之物。

人们巧妙地利用自然生态元素的特质、性能，运用智慧的方法将水、木、土、石、植被重新组合，构成既有生命形态，又有使用价值的建筑、园林景观、聚落等。很显然，江南运河古镇聚落是由自然生态和人文生态共同构成的。因此，在研究江南运河古镇聚落营造智慧与生态美学的过程中，很难把人文生态与自然生态元素割裂看待，两者本就是同一空间构成下的不同形态，在工匠师们的精心设计和巧妙安排下，人文生态与自然生态并存并互相融合，也因此形成了具有地域特色的江南运河古镇聚落。

注释

[1] 王宁．高原人文生态与教育发展：以青海发展教育的人文生态为例 [J]. 陕西师范大学（哲学社会科学），2020(2)：5-9.

[2] 项隆元．《营造法式》与江南建筑 [M]. 杭州：浙江大学出版社，2009：198.

[3] 李诫．营造法式：卷十五：窑作制度 [M]. 影印本 // 项隆元．《营造法式》与江南建筑．杭州：浙江大学出版社，2009：198.

[4] 李诫．营造法式 [M]. 邹其昌，点校．北京：人民出版社，2006.

第六章 江南运河古镇聚落的营造智慧

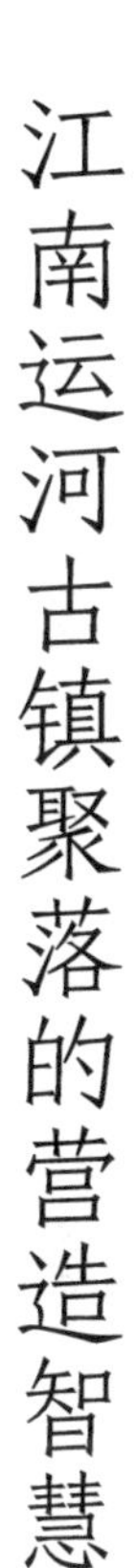

与乡村聚落相比较，江南运河古镇聚落作为乡村经济贸易交流集散地，人口相对密集，民居构成也呈现多元化。江南运河古镇聚落一般位于水网发达地区，随着京杭大运河的开通，市镇聚落乘运河之便，对外经济交流频繁，规模迅速壮大，建筑鳞次栉比，且建筑样式丰富，营造方法灵活，其中蕴含着道法自然与天人合一、形态设计与因地制宜、空间构筑与巧于因借、审曲面势与适形设计、因材施技与因材施饰、随类赋形与同中求异的思想。

第一节 『道法自然』与『天人合一』

“道法自然”出自春秋时期哲学家老子的《道德经》：“人法地、地法天、天法道、道法自然。”可以概括为凡事都有规律，做任何事情都应遵循自然规律。对“天人合一”的解释较为多样，国学大师季羡林在《谈国学》中对“天人合一”的解释为：“天”指大自然，“人”指人类，“天”“人”关系就是自然与人的关系。“道法自然”与“天人合一”的思想贯穿中国设计发展史，对建筑设计产生了深远的影响。比较南北方建筑不难看出，黄土高坡一带气候干燥，风沙大，以独特的土层山体为基体进行洞穴式建筑构造，这是一种减法造型，营造的窑洞冬可避风，夏不怕漏雨，冬暖夏凉，这是人遵循自然法则，利用自然，又与自然和谐相处的佐证。与黄土高原窑洞建筑不同，江南地区水网密布，在新石器时代，先民就已创建了防潮和防虫害的干栏式建筑。干栏式建筑以梁柱构建，建筑立于地表，一层架空，二层用于居住，是理想的人居空间。以上两种建筑是在不同地域、不同环境下构筑的，样式与形态设计均有效利用了自然环境优势，避开有害因素，使人与自然和谐相处。即便是在信息技术高度发展的今天，仍然能从江南运河古镇聚落的构筑与建筑形态中看出“道法自然”思想的影响，主要体现在建筑与环境的关系，建筑选址与外在空间的关系，建筑内在结构与功能的关系，建筑营造与自然材质利用的关系，人、建筑与自然景观和谐统一的关系（图6-1）。

一、从聚落选址看人与自然的和谐

人的生存、生活与自然不可分割，且以自然环境为依托。不管是

（a）沿河建筑

（b）水道交汇处的建筑与桥梁

图 6–1　江南运河古镇聚落

原始社会时期北方穴居野处，还是南方巢居于树，都是栖居于自然之中，都是以自然环境空间为背景，根据地理环境、气候差异而择优居住的一种体现。在江南水网丰富地带，随着定居生活的发展，人口的不断增长，社会文明程度越来越高，居住空间也在随着时间变化而优化发展，但人们始终择水而居。长期以来，人们在与水患作斗争的同时利用水多的自然环境优势，营造适合久居、出行的聚落空间，这其中蕴藏着人与自然相处的智慧。江南运河流域尤其是杭嘉湖平原一带地势低平，水道纵横交错，填河造田是不合适的，所以人们以自然水网为依托疏导河道是最为合适的方法。先民确实是这么实践的，并取得了一定成效，具体的做法是利用地势，将高地构成陆地，低洼处开沟渠引导水流，既方便灌溉农田，在发生水患时又有利于泄洪排涝，这一构造称为圩区，圩区是包括农田、河网、湖泊、滩地、城镇及乡村在内的地区。圩区也指平原河网或沿江滨湖等低洼易涝地区，通过圈圩筑堤，设置水闸、泵站，以外御洪水、内除涝水，从而形成封闭的防洪排涝保护区域。杭嘉湖平原位于太湖流域腹地，河湖分布尤为密集，潮汐、汛期影响河湖水位，常高于农田，会发生倒灌，必须筑堤防洪，在圩堤的适当位置建水闸、船闸、泵站，解决圩内的排水、灌溉问题，并保障圩内外水路交通通畅。江南运河古镇聚落中的水道环境和区域划分体现出了圩区的典型特征，大多数古镇聚落都设有水栅，分布在不同方位，如东栅、西栅、北栅、南栅，由于江南运河市镇聚落以水为道，流经聚落的河道与周边都市、村落相通。水栅的设置也可以调整聚落内水位的高低，保证水量充足，利于通航，同时用于预防水患，以此确保聚落居民的生活便利和安全。先民运用因水利导的智慧构筑建筑，设置水栅，人们在不与水争空间的情况下，既修筑了居住空间，又能营造交通之便。

二、从水阁构造看人与自然的和谐

“建筑之始，产生于实际需要，受制于自然物理……其结构之系统，及形式之派别，乃其材料环境所形成。”[1]建筑产生于人们对身体庇护、生存空间的需求，但建筑营造一开始就受到地理环境、气候条件、材料等的限制与影响，而形成了南方与北方、山区与水乡不同的建筑样式。江南运河古镇聚落选址与建筑营造受水道环境、气候条件、材料材质特性、民俗文化的影响，在建筑样式、建筑布局与空间设计方面存在差异。其中最具地域特色的并不是根植于陆地的主体建筑，而是立于河道中的水阁建筑。水阁是江南运河古镇聚落中独特的建筑形态之一（图 6-2），其建筑并非独立构成，而是依附于主体建筑临水的一面进行拓展与延伸，也有与主体建筑一体的，在营建之时一起构筑而成，因此，内部空间流通。水阁建筑的营建结构和方法与陆地上的主体建筑有所差别。水阁建筑因其借助于河道空间，建筑材料要耐腐蚀，一般采用耐腐蚀度高的花岗岩为基材，也有用碳化木桩的，将立柱深置于河床之下，垂直矗立于水中。根据面阔和进深安排立柱的数量，在立柱上架横梁构成基础框架，在此基础上进行建筑空间和结构的合理规划。由于承重力的问题，水阁建筑一般由木材筑造墙体和地板，这样做既能减少立柱的整体负荷，又能延长使用寿命。水阁建筑的营造不但缓解了人口拥挤、水多地少的问题，还巧妙地扩充了建筑内部的

使用空间，扩大了室内的使用面积。同时，水阁紧贴水道，又方便居民生活，是“道法自然”的真实写照。

（a）乌镇水阁

（b）王店水阁

图 6-2　水阁建筑

水阁建筑并不刻意改变河道的自然环境和走势，而是根据河道的地理、水文、潮汐变化情况以及主体建筑的开间，进行开间、布局、高低形态设计。水阁建筑没有固定的样式，不是一成不变的，其因顺应河道环境而呈现高低错落的形态。水阁建筑使生存空间更加灵活，是水市商品交换的媒介，人们足不出户就可以得到水市上来往商贩售卖的货物，满足基本的生活需求，具体的操作方法是居民在水阁里打开支摘窗，将与购买货物对应的货币放入系有绳索的竹篮里，下放给商船上的商贩，商贩按购买者需求称重，把商品和找零放入竹篮中，买家收起绳索即可。这种足不出户、快捷的交易方式曾经是江南运河古镇聚落较为常见的。水阁也是亲水平台，水阁中设有通往河埠头的楼梯，几步便可以通达埠头，方便出入和洗涮。

从表面上看，水阁建筑好像并没有出奇制胜之处，但在朴素的外观下不但隐藏着生存智慧，而且体现了人们对自然环境的充分利用。水阁建筑就像是从水里生长出来的一样，既不破坏自然环境，又满足了人的需求，实现了人与自然和谐共生，同时也是“天人合一”思想在物质形态上的体现。

三、从桥梁结构与形态设计看人与自然的和谐

江南运河古镇聚落一般以干流河道为中心构筑，因为干流水道环境发达，容易发展为市河，因此也是大多数居民尤其是商贾争相营造建筑的地方，而与干流相连的支流、汊河，其内陆则成为居住的理想之地，充满浓郁的生活气息。不管是市河还是汊河，民居一般都沿河道构筑，河道因此成为居住于不同区域居民之间的一道屏障，虽隔河相望，但若想面对面交流，必须以船为载体，以桥为媒介。逢水搭桥便是生活在水网丰富地区居民智慧的象征，生活环境的不便利使人们学会了变通，桥的设计与营造便是思维灵活的印证，桥梁的建造拉近了相望于两岸的居民之间的距离，扩大了货物流通的空间，使市镇街巷贯通，增加了聚落的流动性和空间的通畅性，同时缩短了聚落不同区域居民之间的距离。桥梁不但是一幢建筑，还是一个纽带。桥的构筑遵循河道的宽窄、流向、流量，同时还要考虑使用寿命、实用价值等，因此合理地设计桥梁形态、结构，不但可以节约资源，同时可以有效发挥桥梁的作用。例如汊河和水巷的河道相对较窄，那么建造的桥梁规模较小，一般以单孔圆拱桥，三孔、五孔板桥为主（图 6-3）；市河河道宽广，桥梁的跨度较大，架上高大的单孔桥或多孔桥梁是必要的，尤其是市河上的桥梁形态与孔洞大小、跨度、高度等还要考虑通行船只的大小、是否能畅行等问题。桥梁的营建不但在结构设计上要考虑实用性，还要考虑与周围环境的协调性，因此，桥梁建造材料以石材为主，石材具有耐冲刷、耐腐蚀、稳定牢固等特点。建造桥梁时一般根据地势、自然环境、交通用途等决定构筑板桥还是拱桥，板桥是用笔直的长条石石板拼构而成，桥体整体上平整、平坦，以实现车在桥上走、船在水中行。拱桥则是中间高、两边低，结构为拱券式，拱桥为大型货船、客船的通航提供了保障。由于拱桥为弧形，桥面自然形成拱突，可供行人通过，但不便于运送货物的车通行。

（a）单孔圆拱桥

（b）三孔板桥

（c）五孔板桥

图 6–3 各种形态的桥

桥梁的设计处处体现以人为本的理念，以拱桥为例，拱桥的拱弧度越大，桥面随着拱券的弧度变化就越突起，因此桥面中间高，两头低。但这样的结构人走起来不方便，于是依据桥面形态设置台阶，台阶高低、宽窄尺度变化随桥拱的跨度而定，但前提是方便省力。跨度较大的桥梁，在桥面中心两侧护板内还会设有供人休息的石凳。拱桥由于中间高，往往成为街道、水道的制高点，因此桥梁又起到观景平台的作用，与水共生。

四、从廊的形态与营建法则看人与建筑的和谐

廊是江南运河古镇聚落中常见的建筑形态之一，廊的构建与其他建筑有异曲同工之处，但受到地理条件、街道空间的限制，造型相对较为简单，与街巷空间贴合紧密，因此，廊属于辅助建筑的范畴。廊

的形态因地制宜，一般依据沿河而构的建筑与街巷宽窄而定，形态则是依街道的自然弯曲透迤于河道两岸。廊的建造初衷是遮风避雨，当地人称之为风雨廊棚。廊，与临街的商铺建筑相接，扩充了商铺外在的使用空间，同时为行人提供便利。廊的营建呈现多样性，大多单独成型，贯通一体。廊的产生是基于江南运河古镇聚落水域面积大，陆地面积相对少，人在与自然环境相处过程中酝酿出的建筑形态。廊也是江南运河古镇聚落中利用自然环境优势的典型特色性建筑。廊的结构与建筑构造原理相当，因此，根据营造形态可分为双坡屋面廊和单坡屋面廊（图 6-4）。虽然构建的时间并不一致，构建的材料也不完全统一，但廊的样式与风格基本保持着一致。因与河道并行的街道自然不会笔直，廊与街道、河道的自然形态基本保持一致和协调。

（a）双坡屋面廊

（b）单坡屋面廊

（c）廊的内部形态

图 6-4　廊的形态构成

第二节 形态设计与因地制宜

《辞海》中对“因地制宜”一词有详细的解释，“因”的意思为依据，“制”为制定，“宜”为适当的措施，具体地讲是根据各地的具体情况，制定适宜的办法。因地制宜是中国传统建筑营建中普遍使用的营造依据与方法。赵晔《吴越春秋·阖闾内传》：“夫筑城郭，立仓库，因地制宜，岂有天气之数以威邻国者乎？”[2] 在古代的中国，不管是营建宫城，还是建造仓库，均讲究因地制宜。因地制宜不仅运用在城郭、建筑的营建中，在造园中也同样适用。《园冶》：“故凡造作，必先相地立基，然后定其间进，量其广狭，随曲合方，是在主者，能妙于得体合宜，未可拘率。假如基地偏缺，邻嵌何必欲求其齐，其屋架何必拘三、五间、为进多少？半间一广，自然雅得，斯所谓主人之七分也。”[3] 文中意思是相地立基、建筑开间、进深、方圆没有统一的格式，方圆得体即可。而屋架也不拘泥于进数多少，哪怕半间，雅然自得即可，关键看构筑者的理念和想法，很明确地点出了因地制宜在园林构建中的应用。

建筑作为人的生存之本、处身之所、立家之根，在营建前需勘察地形，地理位置确定之后，会请营建师根据地理位置设计建筑的方位、制建筑施工图，最后择吉日破土动工，这是一系列较为严谨的事项，其中确定方位、开间会用到專术。北宋沈括《梦溪笔谈》卷十八：“审方面势，覆量高深远近，算家谓之專术。”[4] 專术是古代的一种算术，用于测量方位和地形，丈量高低远近。传统建筑在建造前需要测量地形，地形决定建筑的开间、朝向等，这一过程是因地制宜的表现。清李渔所著《闲情偶寄·居室部》记载：“房舍忌似平原，须有高下之势。

不独园圃为然，居宅亦应如是。前卑后高，理之常也。然地不如是，而强欲如是，亦病其拘。总有因地制宜之法：高者造屋，卑者建楼，一法也；卑处叠石为山，高处浚水为池，二法也。又有因其高而愈高之，竖阁磊峰于峻坡之上；因其卑而愈卑之，穿塘凿井于下湿之区。总无一定之法，神而明之，存乎其人，此非可以遥授方略者矣。”[5] 文中详细地叙述了如何因地制宜营建不同类型的建筑，如何根据地形选择叠山或理水。营建时因地制宜的智慧使古镇建筑形态多样化，表面上看，其风格统一，但其造型及内在结构却千差万别，可谓和而不同。

一、从建筑形态营造看因地制宜理念

聚落民居建筑从外在形态来看，普遍呈窄而长的布局，其面阔、开间不等，有一开间、两开间、三开间，其中一开间和两开间常见于商铺建筑，三开间则常见于宅第建筑群。建筑的开间由基地的形态和面积大小决定，基地形态又受地理环境、水道环境和聚落空间的影响，产生了不规则的建筑形态，如街角地块上可以建扇形、三角形、半圆形、转角建筑等（图 6-5）。以图 6-5（a）中的建筑为例，该建筑位于两条河交汇的十字交叉口，河道的自然形态决定了两条水道交叉处的岸上陆地不是直角形的，所以图中位于水道交叉口的建筑采用圆角而不采用直角，这样做还考虑了河道的航运功能以及建筑的安全性，如果建筑构造为直角，那么行船在转弯时容易发生碰撞，做成圆角，不管行船速度是快还是缓，碰撞的可能性都会降低，在视觉上空间也更开阔。如果说河道交叉处岸上建筑的设计顺应了河道的自然弯曲形态，那么街道交叉口的建筑形态则顺应了街道形态。以图 6-5（b）中的建筑为例，该建筑处于两街道相交会的十字路口，但其中一条路并非直线，是弯曲的，在与另一条路交会后，不是规则的垂直交叉的“十”字形，地基的形态也不是规则的方形。如果按照地基的形态营造建筑，那么

其中一面为不规则的椭圆。为了出入方便并使建筑内在空间最大化，建筑师将建筑的一部分结构后移，目的是使建筑方正。虽然从表面上看建筑不太规则，但随地形营建的建筑与空间环境却是协调的。另外，江南运河古镇聚落建筑的营造智慧还体现在建筑墙角的设计上[图6-5（c）]，为了避免碰撞和方便街坊邻居通行，在街道转角处，于接近地面的墙角中嵌一块平整的条石，也就是抹去下方的尖角，上方则保持直角，这种做法体现了江南聚落建筑营造中“拐弯抹角”的智慧，与“占天不占地”的因地制宜的营造智慧相得益彰。

（a）河道转角的建筑

（b）河道转弯处的不规则建筑

（c）街道转角的建筑

图6-5　不同位置的建筑形态

二、从园林景观营造看因地制宜理念

江南运河古镇聚落中有两种不同的园林：一种为构建在宅第建筑庭院内的园林，这类园林面积相对较小，但亭台楼阁俱全，并与住宅建筑紧密贴合，在空间上互通。如震泽古镇师俭堂中的园林（图 6-6），该园林偏于宅第一隅，面积不大，但亭台楼榭、山水俱全，因为受制于土地形态和面积，营造时又要考虑园林的意境，因此，在亭台的营造上做叠加，如将亭子置于假山之上，依靠建筑山墙做半扇亭，小而得体，并成为园林景观中的制高点。为了追求游览的连贯性，将亭、廊相连，并将廊作为一条迂回曲折的路线，不仅延长了园中游览时间，同时将游览者引向园林与宅第交界处的圆洞门，也将人从一个严肃而又灰暗的空间带向生机盎然的园林之中。宅第内的园林因为受面积大小的限制，景观不能平铺分散，只能向上叠加，因此这类园林虽小，却样样俱全，并根据地面空间理水掇山。以刘梯青故居内的园林为例（图 6-7），由于后院的地块为不规则形，园林内的假山、池沼、凉亭、游廊彼此也不完全连接，但能够体现一种闲适、惬意的意境，这种散点式营造方法在江南私家园林中并不多见。另一种园林为独立成园，占地一般为五六亩及以上，叠山理水，亭、台、楼、阁、廊一应俱全，甚至与家庙、义庄、宅第建筑群相连，而且园林的面积往往大于建筑群的占地面积。

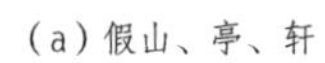

（a）假山、亭、轩

（b）游廊与景观

图 6-6　师俭堂宅院内的园林

(a) 池沼周边景观

(b) 廊亭

(c) 假山与亭

图 6–7 刘梯青故居内的小园林

在园林设计中，求异、求新的思想无处不在。同里古镇的退思园独具特色，园林家陈从周曾评价道："任氏退思园于江南园林中独辟蹊径，具贴水园之特例，山、亭、馆、廊、轩、榭等都贴水面，园如出水上。"退思园的面积不大，却构筑出了山、水、亭、廊、榭、舫、馆，并且均分布于水岸周边，或伸于水面之上，建筑、山、水巧妙地融为一体（图 6–8）。退思园中的水与市镇中的河道相通，因此有充足的水源，利用这一天然优势，将水引至园内，往复循环。水体面积较大，周边植栽种类繁多，高低错落，亭、台、楼、阁、榭、舫掩映在郁郁葱葱之中，或高或低，或一层或两层，或开放或封闭，或隐或露，或暗或明，或可临水观鱼，或可远眺观景，或起伏变化，或如履平地，这就是游览退思园时的观感，从中可以看出景观设计的多样性及其自由放松的布局。走在园林之中，很难将山水割舍，也很难将亭、台、楼、阁、榭、廊、轩、舫独立看待，因为它们被巧妙地安排和构筑，逶迤于湖周围连成一个整体，虽然形态各异、没有重复的形式，但并不影响它们互相关联、和谐共处。园林中自然生态与人文景观因地制宜的布局与设计充分体现了虽为人作、宛若天开的智慧。

图 6-8　退思园

三、从街、弄的形态构成看因地制宜的理念

在同一座古镇，几乎找不到相同宽窄、一样形态的街巷、弄堂，但街、弄差别又不是太大，需仔细甄别（图 6-9）。江南运河古镇聚落中占公共空间最多的是河道，街道则是由河道与建筑、建筑与建筑包裹形成的，因此，大多数街道并不宽敞，一般街道宽度是建筑高度的 0.5~0.7 倍，狭窄处仅能容手推车通过，当然临河的街道一般比坊内街道要宽，但也没有以陆地为主的平原市镇聚落的街道宽广。

受河道自然形态和走势影响，江南运河古镇聚落中的街巷没有统

（a）街道

（b）街弄

（c）陪弄

图 6–9 街道与弄堂

一的形态和固定的样式。从形态上看，弄堂要比街道狭窄。大多数弄堂与街道、河道垂直且由两侧建筑夹道形成，由于建筑一般由多进构成，弄堂也随建筑单元的长度而定，一般单元建筑的纵深空间尺度长，弄堂的长度也长，因两侧分布着高大的建筑，光线不如街道亮堂，甚至会更加潮湿。弄堂是江南运河古镇聚落中分布最为广泛的形式，大型古镇聚落中有近百条弄堂，因此弄堂也是江南运河古镇聚落的特色之一。弄堂不但使聚落有了透气的空间，同时也是远离河道的居民出入市河与街道的主要通道，有的弄堂穿过街道直通河道，有的弄堂穿过两条以上的街道通往市河。与街道空间不同，弄堂隐于建筑群之间，尺度空间有限，一般不具备交易场所的功能，弄堂空间均随建筑外部空间的变化而改变，因此，弄堂的形态不是固定不变的，而是曲直不一、宽窄不定的，有的可通行小型推车，有的仅供一人侧身通行。弄堂既有公共性，又具有私密性，公共性是因为可供邻里街坊通行，私密性是由于弄堂两边的建筑群侧门一般开在街弄里。

第三节 空间构筑与巧于因借

一、巧于因借、贵在合宜的造园设计思想

“因也者，舍己而以物为法者也。”[6]“因”，为因循客观事物，其中包含尊重客观事物本性和法则的精神。“因借”，顾名思义，“因”是因循、因由，利用自身条件，合理利用，合理改变；“借”是借用，强调自身与周边的关系，互相资借，互相联系。这里的因借同造园中的因借有异曲同工之处。“因借说是体现古典园林建筑和合的显著特征，所谓因，是顺应环境的自然条件，不加或少加人工斧凿。”[7]因借不单单应用于园林营建，在建筑设计中也是常用的方法。借景理念在先秦园林设计中已有应用，《左传》记载：“筑高台以望国风。”于高台之上可以望见周边的风景，通过在高台上营建建筑将园外风景引进园内。可见战国时期园林已将借景运用到园林景观设计中。建高台不仅仅可以借园外风景，同样也可以借园内风景。汉代兴建园林，用于观景赏月，以影娥池为例，汉武帝凿此池以赏月色，池旁建望鹄台，以观月影映于池中，并令宫人乘舟以弄月影，由此称此池为影娥池。明代江南造园家计成在《园冶》中讲道：“虽由人作，宛自天开。巧于因借，精在体宜。”[8]园林景观虽然是由人设计与构筑的，却又好像是天然形成的，巧妙之处就在于能够借助园内、园外景观，依照材料的特点制作形体适度、大小得宜的景观。计成的因借说对江南园林构筑产生了较为深远的影响。事实上，园林中的因、借是相互依存的关系，不只是借景，园林中的建筑景观

和自然景观的营造也巧妙借用地理环境。计成在《园冶》中做了详细的记述："'因'者：随基势之高下，体形之端正，碍木删桠，泉流石注，互相借资；宜亭斯亭，宜榭斯榭，不妨偏径，顿置婉转，斯谓'精而合宜'者也。'借'者：园虽别内外，得景则无拘远近，晴峦耸秀，绀宇凌空，极目所至，俗则屏之，嘉则收之，不分町疃，尽为烟景，斯所谓'巧而得体'者也。"[9] 从文中可知，因与借有内在的逻辑关系，因在前而借在后，因是借的依据条件，只有因的设计恰当合理，才能借得恰到好处。江南运河古镇聚落园林设计深受计成园林设计思想的影响，因借既可以用于建筑形态，也可以用于建筑内部空间，还可以用于景观设计，因此，因借的营造智慧在园林中随处可见。

江南运河古镇聚落中的园林占地面积不大，虽然无法与苏州拙政园、网师园等相提并论，但麻雀虽小、五脏俱全是古镇园林的典型特征。即便受地形高低、面积大小的影响，园林造景、借景的设计也都别出心裁，造园师总能随机应变、因地制宜地营造不同规模、不同风格的园林。如退思园、小莲庄、嘉业藏书楼、颖园、宜园等。以退思园为例（图 6-10），它位于中国江苏省苏州市吴江区同里镇古镇，始建于清光绪十一年至十三年（1885—1887 年），占地面积 5674 平方米，建筑面积 2622 平方米，横向布局，从西向东依次是住宅、庭院、花园。如果减去建筑面积 2622 平方米，那么剩余庭院空间加花园面积为 3052 平方米，花园占地面积约 4 亩。在这有限的空间内，园林景观中的亭、台、轩、舫、楼、阁等一样不少，绿植、山、水景观样样俱全，并且在规划上巧于因借，呈现悠远之意。

退思园园名引自《左传》中的"林父之事君也，进思尽忠，退思补过"。退思园与江南市镇中的园林相比较，不算小，但也不算大，它的独特之处在于园林中的景观设计均以水体为中心，建筑高低错落，或伸出水面之上，或隐于郁郁葱葱之中，或彼此以长廊相接，或以桥体跨水而至。园中建筑样式多元，建筑体型适中，小而精致，一处建筑就是

图 6–10　退思园局部

一个观景平台，或临水，可观鱼；或居于高处，可以听风听雨，如果站在两层建筑之上，还可以俯瞰整个园子。植栽高低错落，四季常青，与建筑中的朱红色梁柱、花窗形成鲜明的对比，但又不失协调。坐在室内空间里，透过花门、槛窗、花窗可以将园中的山、水、植被、亭、台、楼、阁景色借入室内，足不出户就能惬意地享受美景，游走于园内，每一步、每一处都可看到不同的景致，如果走上二层游廊，不但可以观园内风景，宅院建筑亦可映入眼帘。一步一景、移步换景式的感受其实也是在景观设计与建造中充分考虑了借景。事实上，退思园中的“借”不单单停留在观赏中的借景原理，而是在建筑选址、空间尺度的设计及营造结构上也充分考虑了借用水上空间、山体空间以及彼此相邻的建筑空间。综合来讲，可以将退思园中的“巧于因借”概括为以下四个方面。

（一）对水面空间的借用

如何在有限的空间内实现处处有景观，步步景不同，最为理想的方法是借景。“夫借景，林园之最要者也。如远借，邻借，仰借，俯借，应时而借。然物情所逗，目寄心期，似意在笔先，庶几描写之尽哉。”[10]

文中强调了借景是造园最重要的条件。对于面积不大的退思园来说，借景显得尤为重要，因为园林本身占地面积不大，水体占去了大部分空间，又要考虑亭、台、楼、阁、舫、榭、廊俱全，所以只有合理地规划，并适当地使建筑伸出水面，将水景借入室内的同时腾出仅有的陆地面积用于栽植绿植来映衬建筑景观，如舫、榭、折线桥的设计均伸展于水体之中，部分游廊也跨越于水体之上。以舸形建筑为例（图 6-11），整幢建筑构筑于水体之中，具体做法是仿照船的造型，用石材砌成船形的基座，用木材建成船篷，两边安装支摘窗、漏明窗，俨然一艘在水中航行的舫船，走在其中、站立于船头如同人在水上游，这样既给人提供了室外活动空间，同时又提供了室内使用空间。虽然舸形建筑不大，应该说相对于园内其他建筑而言属于小而精致型，但却较为得体，体现了巧于因借的造园思想。

图 6-11　石舸

（二）对于山体、墙体空间的借用

园林中最不缺的是亭，亭可以立于水中，置于水岸，也可以构筑于山巅，因地制宜而为之。退思园中的亭居高临下［图 6-12（a）］，建于山巅，成为园池周边的制高观景点，借助山的高度和空间，有效减少了路面与水体的占用面积，同时拔高了山的高度，并且可以在亭中俯瞰园景。园林造景，不仅有俯借，还有远借、近借、邻借。因为园林空间小，建筑之间的距离并不是太远，有的建筑甚至比邻而居，共用墙体，园中两层连廊与水榭共用一堵墙体，这样既可以节约地面空间，又节俭了建造成本［图 6-12（b）］。因受陆地面积限制，有的游廊紧邻水岸，有的沿院墙墙垣构筑，游廊屋面只做半坡，既有效地利用了河岸与墙垣之间仅有的空间，又扩大了园林中的动态流动空间，从而提升了居住者、游览者的连续体验。借还体现在漏明窗的设置上，在墙垣中会镶嵌石制或砖制漏明窗，石制漏明窗较为牢固，保证安全，漏明窗透光的同时将园外的风景借入园内，游览者在饱览园林景色的同时，可以感受墙外不同的风景，可谓里应外合，妙趣横生。

（a）亭对山体的借用

（b）廊对建筑墙体的借用

图 6-12　建筑中的巧于因借

二、从骑楼建筑形态看巧于因借的思想

江南运河古镇聚落建筑形态多样，有的立基于地面，有的扎根于水中，有的则架空于街道之上，连接不相邻的两座建筑。这类建筑既

不影响地面空间的公共功能，又拓宽了私有住宅空间，且巧妙地借用了公共空间，以骑楼最为典型。骑楼是借用街道上方的空间而构筑的，可概括为三种形态——沿河、跨街骑楼，跨街骑楼，跨弄堂骑楼（图 6-13）。

不同形态的骑楼营建方式有所差别。沿河、跨街骑楼与主体建筑是一体的，根据街道的宽窄定跨度，考虑到不能破坏街道的公共功能，同时保证空间的流通性，一层后退留出街道空间并设开放式廊道，二层则横跨街道并延伸至水岸。与之相较，跨街骑楼是在不占用、不影响街道的公共空间功能的前提下，跨街道部分架空，用拱券门和梁柱做支撑，保留二层的使用功能和整座建筑的完整性，表面上看是一幢

（a）沿河、跨街骑楼

（b）跨街骑楼

（c）跨弄堂骑楼

图 6-13　骑楼

建筑跨越了街道，出现了“街从房中穿”的景象。跨弄堂骑楼一般为半坡型，相对于街道来说，弄堂的尺度较窄，为保持建筑的完整性并扩充室内空间，有效借用街道和两侧主体建筑的山墙，跨弄堂骑楼的跨度与弄堂的宽窄保持一致，并设计拱券式过道。

骑楼的构筑虽然借用了街道、河道等公共空间，但“借”得恰当，又不影响公共空间功能，印证了水多地少的江南运河古镇建筑营造中“占天不占地”的智慧。“借”不但可以有效利用空间，节约购地成本，而且可以满足生产生活需求。“巧于因借”从侧面反映了在江南运河古镇生活的人们对地理环境、空间环境及建筑本体功能的认知与拓展，反映了天、地、人之间的和谐关系，也体现了积极思辨的营造观。

第四节 审曲面势与适形设计

一、审曲面势与造物的关系

造物离不开物质材料，材料不同，采用的成型方法与工艺技术也不尽相同。江南运河古镇聚落建筑综合了木作、石作、砖作、瓦作、泥作等多种技术，每一个类型又可细分为多个工种，工匠们运用不同的技术手法从事不同的工作，最终却营造出协调的建筑结构体系，这实际上是对材料的巧妙利用。《周礼·考工记》载："国有六职，百工与居一焉。或坐而论道，或作而行之，或审曲面势，以饬五材，以辨民器，谓之百工。"[11] 其中，"审曲面势"是指审视材料的外部特征、曲直关系等，"以饬五材"是指整治金、木、皮、玉、土五种材料。这段话充分强调了材料是物质形态设计与构成的重要元素，只有充分利用材料的特征，才能在工艺技术的辅助下做出更好的作品。宋《营造法式》大木作部分，详细记述了严格的用材制。房屋因为规模等级不同，采用不同的材料。"凡构屋之制，皆以材为祖；材有八等，度屋之大小，因而用之"[12]，使建筑内在构造合理而稳定。

"审曲面势"不仅指导造物设计对材料的合理运用，同时还应用于城市规划与营建，查看地势环境，地势环境具有复杂性，如水文的流势，山脉的高与低、大与小，都是在营建城市与聚落时需要充分考虑的条件。汉代张衡《东京赋》："昔先王之经邑也，掩观九隩，靡地不营。土圭测景，不缩不盈。总风雨之所交，然后以建王城。审曲面势，泝洛背河，左伊右瀍。"这段文字讲述了昔日先王营建洛阳城，对地理环境的优劣进行了分析，营建城邑要避开弯曲的河道，运用土圭在此地测量日影，不长也不短。营建后的洛阳城面向洛水、伊水、瀍河，背后又靠着黄河，多个水系贯穿洛阳，并且与邻近的州县相勾连。在城市营建发展进程中，不只营建的王城需要审曲面势，连市镇、村落的营建，建筑的构造也体现了审曲面势的智慧。

二、建筑结构设计中的审曲面势

江南运河古镇建筑以木架穿斗式结构为主，墙体起保护隐私和防御作用，梁柱穿插组合支撑整个建筑，从内部结构看，梁柱依靠榫卯结构构成，层层叠加、错落有致，形成完整有序的建筑框架体系，设计合理的梁柱结构，不仅防震，而且稳固性强。江南运河古镇建筑墙倒屋不塌的现象就是梁柱结构体系合理化设计的印证（图 6-14）。

同一座建筑中的梁柱构架，用材也有差别。主要体现在以下三个方面：第一，材的大小、粗细、高低有别，曲则求曲、直则求直，易于加工，雕刻、装饰随着建筑构件的形态而定，不会因过度装饰而失去构件的功能价值。以砖的应用为例，其尺寸有大小，厚薄不同，用途也不同。方砖用于铺地、护墙；砖雕主要用于构筑门楼，其制作较为讲究，以刻和打磨为主，粗刻造型，再用工具精细打磨，造型精致，场景中的各种元素协调统一，有高有低，有深有浅，远近相宜，主次有序（图 6-15）。第二，工艺求精，榫卯结合，透榫不留毛边，打磨光滑，素胎居多，极少施彩（图 6-16）。以门窗为例，门窗因为起到脸面的作用，其制作精益求精。以木材构成的门窗，多以镂空为主。镂空造型是木工用榫卯拼接各种花式，同时用闷榫的方法构成花格，流畅自然，这也是古镇建筑艺术的亮点。第三，施以油漆等装饰，保护结构不受损坏。以木结构体系为例，整体涂上透明的清漆以防虫蛀，也有施朱黑色油漆的，不管施什么样的油漆，以保持室内外的统一为上，

当然大门例外。

图 6-14 建筑中的木结构体系

图 6-15 砖雕门楼

图 6-16 榫卯构成的栏杆

三、拱桥营造中的审曲面势

拱桥由桥拱、桥面、步道、台阶、踏步、桥心石、护栏组等部分组成。桥的构筑最为突出的部分是桥拱，桥拱由一块块弧形条石连接而成，其中条石与条石之间有锁扣扣紧，使之成为一个整体，并共同托起桥面，拱桥多为半圆形，与水面上的影构成圆的形状，取圆满之意。为了保证统一和方便行走，桥的台阶、踏步用直线条石，层层错落、叠加构成，考虑到环境、气候多雨、湿润，阶梯表面以铁凿凿出凹凸不平的肌理，以防行人滑倒。拱桥桥面中心一般设有桥心石，由方形石块构成，内雕以团状旋转的涡纹为主，也有雕刻莲花纹的，其形态结构为旋转形，具有一定的动态感，讲究的会在桥心石的周边雕刻上八吉祥纹样或暗八仙图形，寓意平安、吉祥。除此之外，桥的两侧设有栏板，与栏板相接处设望柱，有的雕以狮子，寓意辟邪，也有的刻以莲花，以仰莲为主，偶见覆盆莲与仰莲结合的，主要功能是美观和表示平安。拱桥桥孔中间正上方雕以桥名，两侧分别刻以桥联，以浮雕的形式呈现，与桥联呼应，赋予了桥更深的文化寓意。巧妙的设计加上石材耐腐蚀的特点，使桥的使用寿命较长，也是审曲面势发挥材料优势的结果（图 6-17）。审曲面势不但是对材料的充分利用，也是实现结构设计、整体构造完整性的方法。因此，石材、砖、木在不同的建筑形态上使用，结构设计也有所不同，并衍生出不同的构造方法。

（a）拱桥 （b）拱桥步道
（c）涡纹桥心石 （d）如意桥心石

图 6-17 拱桥及其细部

第五节 因材施技与因材施饰

一、传统五色与建筑装饰

在古代，不同建筑在色彩上的差别，与中国传统五色文化有着密切的联系。在五色说中，木、火、土、金、水对应的方位为东、南、中、西、北，对应的颜色为青、红、黄、白、黑。五色说是对自然万物认识而形成的符号语言，因此五色除了是五行的视觉语言，同时也具有空间方位的指归。五行色的运用在《周礼·考工记》中有详细的注释："画缋之事，杂五色。东方谓之青，南方谓之赤，西方谓之白，北方谓之黑，天谓之玄，地谓之黄。青与白相次也，赤与黑相次也，玄与黄相次也。青与赤谓之文，赤与白谓之章，白与黑谓之黼，黑与青谓之黻，五采备谓之绣。土以黄，其象方，天时变，火以圜，山以章，水以龙，鸟兽蛇。杂四时五色之位以章之，谓之巧。凡画缋之事，后素功。"[13]画缋，缋通绘，绘画，文中"画缋"指设色、施彩。这段文字阐述了五个方面的内容：第一，详细阐释了绘画配色方案，调配五方正色。东方是青色，南方是赤色，西方是白色，北方是黑色，代表天的是玄色，代表地的是黄色。白色与黑色相呼应，玄色与黄色相呼应。第二，阐释了颜色的配比与调和，如青色与赤色相间的纹饰叫作黼，黑色与青色相间的纹饰叫作黻，五彩齐备叫作绣。第三，阐释了颜色与符号象征的表达，如画土用黄色，用方形作为地的象征，画天应随着时节变化而施以不同的色彩，画火以圆弧作为象征，画水以龙作为象征。四时明确了灵活配色设计的思想，如适当地调配四时五色使色彩鲜明，这才叫技巧高超。第四，阐释了施色的顺序，如凡画缋的事情，必须先上彩色，然后再施白粉之饰，以衬托画面之光鲜。从上文不难看出，黄、赤、青、黑、白这五种颜色是中国古人对世界原生色彩的一种认知，并影响了传统服饰设计、建筑设计、家具设计等。同时这一思想也深深影响了中国画，例如墨分五色，使画面形成深浅、浓淡、虚实等特点，产生深远、高远的空间感。在历史上，受到建筑制度的影响，赤、金、青多用于宫廷建筑，恢弘的建筑在靓丽的色彩的映衬下显得尊贵、威严，而民居建筑多用黑、白、灰，以示区别。黑、白、灰可以表现出深邃和悠远的意境，江南运河古镇聚落建筑就是黑、白、灰颜色应用的典型案例。

二、黑色的属性及其在聚落中的呈现

（一）黑色的属性与传统文化语义

从物理属性来看，黑色基本上没有可见光进入视觉范围，也不反射任何有色彩的可见光，因此，黑色基本不透光。如果将三原色的颜料以合适的比例调和在一起，其反光度降到最低，人们就会感觉到黑色。黑色的明度最低，有肃静、内敛之感。在文化意义层面，黑色是宇宙的底色，代表安宁，亦是一切的归宿。

黑色给人以坚定之感，沉稳内敛、彬彬有礼，也是虔诚与信仰的代表色。在中国传统文化中，古人用黑色象征刚直、坚毅、严正、无私等，是由于黑色和铁色相似。如在戏曲脸谱艺术中，往往用黑色象征历史人物具有刚直不阿、铁面无私等高尚品性。唐代的尉迟恭、宋代的包拯等历史人物的舞台形象，都是黑色的脸谱。从本质上看，黑色的情感为“深沉”“稳定”。黑色和夜色相似，因而它又象征“神秘肃穆”等。黑色代表北方正色，表示在凛冽的寒冬都能刻苦耐劳，在象征意义上指意志力强，地位崇高。在江南运河古镇聚落中，黑色、白色同时被应用于建筑的外观设计，颜色分明，肃静淡雅。

（二）黑色在聚落中的呈现

粉墙黛瓦是江南运河古镇聚落的代表色彩，其中，粉是指白色，黛是指青灰色，合起来意思为白色的墙、青灰色的瓦。仔细观察江南运河古镇聚落，不乏灰色系，因此，黑、白、灰是江南运河古镇聚落的主要色系。黑色主要分布于建筑屋宇、地板、门窗等（图 6-18）。但这里的黑并非纯黑色，青中泛黑为青黛色，灰中带黑为灰黛色。聚落中的黑色呈现多种色度，也会随天气变化和季节转移而呈现不同的色度。如屋面铺设的井然有序的瓦片，在多云或阴天为灰黛色，在雨水洗礼后呈现冷峻的青黛色，而在蓝天、阳光的映衬下则呈现蓝黛色。瓦片的颜色也会跟随春夏秋冬季节的转换而呈现不同的色感。如在万物萌芽的春季，在蒙蒙细雨的笼罩下，瓦片颜色青中带灰，透着黑色；在骄阳似火、烈日炎炎的夏季，瓦片于青黑中透出一丝赤黛色；秋季受到日照及环境色的影响，青黑中映射出一缕黛黄色；冬季的瓦片则略显苍茫，灰黑色中带着一丝白。瓦片颜色之所以受到天气和四时转换的影响呈现不同的色感，与瓦片的材料和制作工艺有一定的关联。瓦由黏土制成，放入窑内，以还原烧成法烧成青黑色，新烧制的瓦片颜色呈灰黑色或青黑色；经历风吹、日晒、雨淋后，黑色逐渐减弱，灰度增强，呈现青灰色；经过雨水的冲刷后，颜色加深为黛青色，原因是黏土烧成后仍具有吸水性，瓦片遇水后变色，颜色更加沉稳、优雅，与白色形成鲜明的对比，而这种颜色与中国传统青黛色调相似，因此，人们将其与白墙合称为“粉墙黛瓦”。

（a）黑色的屋面

（b）黑色的墙檐

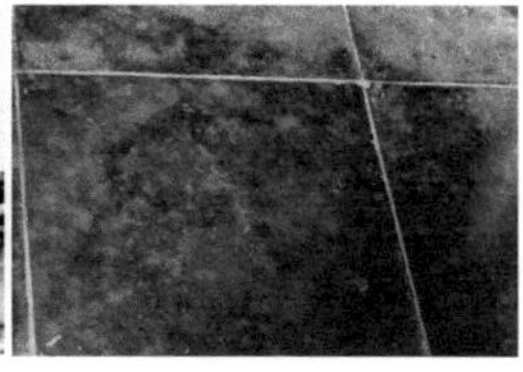

（c）黑色的地板

图 6-18　建筑中的黑色

江南运河古镇聚落的灰黛色、青黛色、蓝黛色与纯黑的沉闷、压抑相比，于沉稳中带有几分含蓄与自然幽静；同时与白、灰色形成鲜明对比，但视觉上较为柔和，这与黛色的瓦片经过纵向、有序的叠加排列有着直接的关系，有秩序的排列形成一条条规律波动的线状和凹凸有序的变化，传达出优美的层次关系和丰富的视觉语言，丰富的黛色变化与平整的白墙形成对比，有节奏的瓦片调和了平整白墙的单调。

三、白色的属性及其在聚落中的呈现

（一）白色的属性与传统文化语义

从色彩学的角度看，白色又称为全色光，白色明度最高，无色相。白色也是自然中的颜色之一，在中西方有着不同的文化内涵。

在中国传统五色文化中，白色代表着西方，代表着生命的凋零、逝去。因此在丧葬文化中，着白色麻衣，戴白色头巾，穿白色鞋子，以示对逝者的哀悼。“白”在封建社会被誉为“平民之色”，古时成平民为“白丁”“白衣”“白身”。在古代，白色也称为粉色、素色，常作为绘画的底色使用，例如中国绘画艺术一般以粉白色做底色，运用黑色的焦墨或石墨作画，施以华彩。这样的艺术表现形式，使作品突出主题，视觉语言呼之欲出。白色也因民族文化差异有不同寓意。藏族文化中，白色代表着吉祥、如意，如有客人来，献上哈达，送上吉祥的祝福。而藏族的白色之美誉主要源于他们对生活环境的认识和理解，草原四周为雪山环绕，一片银白，地上的羊群和牦牛，以及喝的羊奶、穿的皮袄、戴的毡帽，也都是白色。所以藏区人民视白色为理想、吉祥、胜利、昌盛的象征。在彝族文化中，白色象征纯洁和高贵，这与彝族注重纯洁和高尚的品格相符。因此，在彝族传统节日庆典中，人们会穿上白色的服装，这是为了祈求和平、祥和和美好的生活。在蒙古族文化中，白色被视为吉祥的象征。这与他们生活的自然环境分不开，在一望无垠的大草原上，白色是常见的自然色，如白色的云朵、

白色的雪花、白色的羊群等，这些与蒙古人的生活和信仰紧密相关，他们将白色视为一种神圣的颜色，代表着纯净、美好。

除了具有象征意义之外，白色还与用色制度相关。明清时期，建筑用色制度严苛，如清代建筑用色以黄为最尊贵，其次顺序为红、绿、青、蓝、黑、灰、白，红色成为宫殿建筑墙壁、门窗的主要用色，因此形成了皇家建筑红墙黄瓦的强烈对比，而江南私家园林和民居则呈现黑白灰的对比。

（二）江南运河古镇聚落中的白色

受气候环境变化的影响，青砖裸露影响室内湿度，因此运用石灰等材料对外墙进行粉刷，石灰为粉白色，干燥后呈现平整的白色墙面（图6-19）。这样既可以保护砖墙及木结构，主要起到防潮的作用，又可以使建筑外观整洁、美观。同时，一定厚度的白灰与墙体致密贴合可以增加墙体的强度，保障建筑内生活的安全舒适。与此同时，因江南运河古镇聚落大多处于低纬度地区，光照资源丰富，而白色明度较高，吸热低，粉白色的墙面能反射、散射太阳光，在炎热的夏季起到降温的作用。除此之外，白色的墙壁还能够弥补狭窄幽暗的弄堂里光线的不足。

图 6-19　建筑的白色墙壁

当然，粉白的墙壁也会随着时间的推移在风雨的洗礼下呈现斑驳的灰白色，在江南运河古镇聚落弄堂深处的墙壁上还能看见青灰色的苔藓，这也说明材料在与天气、时间的相遇中留下了痕迹，尤其是蚯蚓走泥纹较为常见。经过岁月冲刷的墙壁透出一种更为自然、古朴的味道，且经历时间打磨后的墙壁，颜色粉中带白，白中带有几丝灰，与屋面的颜色更为协调，这也是为什么江南运河古镇聚落有一种朴素悠远的意蕴，让人沉浸其中，忘却繁忙的闹市，将烦恼抛诸脑后，内心归于平静。

四、灰色的属性及其在江南运河古镇聚落中的呈现

（一）灰色的属性与传统文化语义

在色彩学理论中，灰色系为调和色，属于白与黑混合后的颜色，两者混合比例不同，得出的灰色灰度不同，因此，灰色系的构成较为丰富，有深灰、中灰、浅灰，也有灰黑、灰白。灰色又被称为中性色，可以调和色彩的明度、纯度，也可以调和白与黑的对比。在中国传统文化中，灰色不但存在于白天、黑夜的转换中，还存在于四时变化的时空内。例如晨昏和黄昏，晨昏是黑夜转向太阳出来之前的时段，黄昏是太阳落下、黑夜将至之前的时段，晨昏和黄昏是白天与黑夜的交接，也是中国农耕社会“日出而作，日落而归”的时段，意味着美好的开始与劳作的结束。中国画里的墨分五色，焦墨、浓墨、重墨为黑色，淡墨为灰色，清墨为灰白色，像极了时辰转换时的色彩。除此之外，灰色随天气、四季变化而不同。唐代画师张彦远认为山水中的五色随着阴晴和季节的变化而有不同的呈现，如果用墨把变化的特征大体表现出来，就会产生山青、草绿、花赤、雪白等效果，不必涂上空青、石绿、丹砂、铅粉等颜料。可见灰色与自然变化有着密切的联系，在艺术创作中应遵循四时而变，师法自然。

（二）江南运河古镇聚落中的灰色

粉白色的墙壁与黑色的屋面形成对比，用于地基、铺地、河道驳岸、石桥的麻石材料，以及用于建筑支撑的木结构原木材料的颜色则有效地调和了黑色屋面的单调与冷峻，形成黑白灰三种颜色协调的层次关系。实际上，江南运河古镇聚落中的灰色并不是真正意义的黑与白的间色，而是由本色、土灰色、灰白色，甚至灰中带黑斑的麻石构成。但这些颜色与青黑色的屋面相比较明度较高，与粉白色的墙面相比则明度稍低，因此这些灰色起到调和黑白强对比的作用（图 6-20）。

图 6-20　灰色的墙体、驳岸和桥梁

如果按照比例计算黑白灰色系在江南运河古镇聚落中的分量，可以说灰色占比相当大。从聚落空间形态上看，灰色主要分布于河道的水、驳岸、石桥、房基，主要集中于街巷空间与建筑内空间，这些地方总体上讲以灰色系为主导，偶有其他杂色。尤其是河道空间中的灰色较为集中，石材砌成的驳岸犹如两条灰色的玉带镶嵌于聚落中，河埠头像镶嵌于驳岸上的钻石装饰，一粒粒静静地、整齐地排列在灰色玉带上，骑跨于河道上的桥梁建筑则像一颗颗宝石镶嵌于自由逶迤的河道空间上，醒目而不艳丽、实用而不华丽，与灰色的驳岸、灰色且造型多样化的河埠头构成颜色统一而又别致的灰色空间（图 6-21）。

图 6-21　驳岸与河埠头

灰色系虽有混沌之感，视觉效应甚至有些迷茫，但其传达的视觉个性却是柔和、舒适、耐看，是建筑空间装饰中最为常用的颜色，它不偏不倚，不深沉，也不张扬，温和而不失本色，不盈不满，恰到好处，既为建筑空间增加了丰富的层次，作为间色，又起到调和黑与白、深与浅的媒介作用，具有中和之美。

第六节 随类赋形与同中求异

一、随类赋形、同中求异的建筑装饰谱系

江南运河古镇聚落空间的视觉元素丰富，建筑的装饰谱系母题多样，纹样表现手法独特。常见的有渔樵耕读、八吉祥、暗八仙、四时读书乐等象征纹样，如意、灵芝、万年青、祥云、万字纹等吉祥纹样，仙鹤、鹿、牛、马、喜鹊等飞禽走兽纹样，龙、凤、狮子、麒麟、大象等瑞兽纹样，寿字、囍字、福字等文字类纹样，梅兰竹菊四君子、松竹柏三友图等母题。不同的纹样采用不同的装饰手法，但同一种纹样在不同材质、不同结构空间中表现手法不尽相同，而且灵活运用不同的雕刻方法、构图方法。以万字纹为例（图 6-22），万字纹常用于楼阁建筑的栏杆上，因用于不同的结构而呈现不同的装饰风格，或粗犷，或敦厚，或粗糙，或细腻。同样是木雕，用于门窗上的万字纹为细线条造型，棱角分明，用于格栅门窗上则因门窗的高低、宽窄而不同。万字纹在砖雕上则是以浮雕形式呈现，并且线条细腻、棱角分明，这与砖材料的性能特点有关。总而言之，纹样是随空间、结构、材料性能、功能价值而变换的，因此，即便在同一个庭院空间内，纹样也呈现多种形式。

就装饰谱系而言，因其内容、形态存在差异，因此往往在同一空间内，可以看到三四种谱系共存，并呈现高低错落的层次关系，丰富多彩，实际上这也是求异思维的一种反映，从侧面反映了人们复杂的心理需求，因为自古以来，图案设计原则为图必有意、意必吉祥。在

（a）楼栏杆上的万字纹

（b）门槛栏中的万字纹

（c）窗子上的万字纹

图 6-22　建筑木结构中的万字纹

礼治社会，人们不仅受到儒家文化的影响，同时还受到道家文化、佛教文化的熏染，几种文化各自都有象征性的图形用于思想传播，装饰纹样便起到教化训导的作用。从情感角度来看，人们在装饰时不想顾此失彼，因此，面面俱到是最佳选择，这其中既有训导居住者要秉承仁、义、礼、智、信思想的忠告，又有想长寿、步步高升、平安如意的祈愿，因此，不同的纹样同处一个屋檐下是满足心理审美的最佳选择。

二、随类赋形、同中求异的园林建筑

江南运河古镇聚落中的园林与苏州、嘉兴、无锡、杭州等城市的园林颇有几分相似，甚至可以说营建理念如出一辙，有的甚至更为讲究——可大可小，可高可矮，可圆可方，可四角，可六角，可八角，形式多样，随类赋形。亭因所处的位置、地势、土地面积大小不同而面阔不同，因此有的秀气玲珑，有的恢宏厚重，有的简约，有的复杂。随地形、环境以及功能要求而灵活运用廊、亭依靠于墙，便形成了扇亭。与其他亭独立成型不同，扇亭被构筑于建筑的夹角处，利用这个夹角构成 1/4 圆的角亭，从屋面上看像一把展开的扇子（图 6-23）。六角亭也因所处环境空间而异，遵循园林的意境营造理念，有点景、观景的作用。亭因面阔不同而使屋面、立面的比例存在差别。以立于水中的六角亭为例（图 6-24），亭的屋面高度要大于立面的高度，因此在面阔不大的情况下，屋顶攒尖尖顶延长，从柱础到攒尖尖顶计算，屋面的高度约占整个立面高度的 2/3。与之相对应的是游廊中间的圆亭

（图 6-25），像盛开的莲叶，舒展而饱满。同样是游廊中的亭，也因游廊曲折变化而呈现不同的特征，有一处半屋面两角亭，背靠墙垣，面向荷池，基座为方形，但受到空间的限制，屋面仅能建造半面。

图 6-23 扇亭

图 6-24 六角亭

图 6-25 圆亭

在江南几乎找不到一模一样的亭，因为廊中有亭，水中有亭，山上有亭，水岸有亭，亭随境变，景因亭异。亭的多样化与差别化是园林灵活多变营造智慧的象征，同时也体现了造园者求异、随类赋形的智慧。因为多样而丰富，因为差别而新奇，因为个性而使环境空间有了不同的意蕴。

江南运河古镇聚落空间的营造智慧与理念是传统文化遗产中重要的构成部分，道法自然的营造理念主要表现为有效地利用自然环境的优势。因地制宜的营造智慧丰富了民居建筑形态，可以有效利用空间，构建合理的建筑形态，形成和谐的空间环境。在巧于因借的理念下，有效利用了水网、街道、池沼的空间，使聚落和园林紧凑、合理，因材实施，充分发挥了物质材料的性能和色彩特性，使聚落的黑、白、灰协调统一。在随类赋形的理念下，装饰与建筑结构完美契合，使园林景观更具意味和特色。营造智慧既是人们在长期劳动实践中摸索出来的经验，又是充分利用自然、尊重自然理念的体现。

注释

[1] 梁思成 . 中国建筑史 [M]. 天津：百花文艺出版社 ,2005：3.
[2] 赵晔 . 吴越春秋：阖闾 [M]. 北京：国家图书馆出版社 ,2020：59.
[3] 计成 . 园冶注释 [M]. 陈植 , 注释 . 北京：中国建筑工业出版社 ,2012：47.
[4] 沈括 . 梦溪笔谈 [M]. 重庆：重庆出版集团 ,2007：236.
[5] 李渔 . 闲情偶寄 [M]. 李竹君 , 曹杨 , 曾瑞玲 , 注 . 北京：华夏出版社 ,2006：178.
[6] 管子 [M]. 房玄龄 , 注 . 刘绩 , 增注 . 上海：上海古籍出版社 ,1989：128.
[7] 刘托 . 建筑艺术文论 [M]. 北京 . 北京时代华文书局 ,2015：21.
[8] 计成 . 园冶注释 [M]. 陈植 , 注释 . 北京：中国建筑工业出版社 ,1988：51.
[9] 计成 . 园冶注释 [M]. 陈植 , 注释 . 北京：中国建筑工业出版社 ,1988：47-48.
[10] 计成 . 园冶注释 [M]. 陈植 . 注释 . 北京：中国建筑工业出版社 ,1988：47-48.
[11] 考工记 [M]. 闻人军 , 译注 . 上海：上海古籍出版社 ,2008：1.
[12] 项隆元 .《营造法式》与江南建筑 [M]. 杭州：浙江大学出版社 ,2009：106.
[13] 考工记 [M]. 闻人军 , 译注 . 上海：上海古籍出版社 ,2008：68.

第七章 江南运河古镇聚落的生态美学

聚落是人类聚居和劳动的场所，聚落环境是人类有意识开发利用和改造自然而创造出来的生存环境。聚落不但是生活的空间、日常活动的空间，同时还是自然与人文结合的空间，也是建筑与自然并存的空间。建筑既是自然环境的一部分，自然环境也是建筑设计中要考虑的重要因素，因此两者不可分割，相辅相成。由于人们营造建筑的目的是为人自身提供生存空间，因此建筑包含着居住者的思想价值观念和文化审美，即便是在今天，通过江南运河古镇聚落仍然可以窥见中国传统文化的审美品位。

第一节 从江南运河古镇聚落人居环境设计看和合之美

一、人居环境设计中的和合关系

“人居”是指包括乡村、集镇、城市、区域等在内的所有人类聚落及其环境。人居由两部分组成：一是人，包括个体的人和由人组成的社会；二是自然的或人工元素所组成的聚落及其周围环境。如果细分的话，人居包括自然、社会、人、居住和支撑网络五个要素。广义地讲，人居是人类为了自身的生活而利用或营建的任何类型的场所，只要是人生活的地方，就有人居。[1]

人居环境的持续发展离不开人与自然的和合关系。“和合”不但体现在为人处世的态度，还融合于吃穿住行之中。和合文化是中国传统文化的主要构成部分，是综合儒家、墨家、道家文化的集大成者。“‘和’‘合’二字在甲骨文与金文中都曾出现，其中，‘和’的本义是吹奏类的乐器，引申为声音和谐；‘合’的原意是器皿闭合，引申为两物相合、彼此融洽。”[2] 同时，“合”有符合、结合之义。古代所谓合一，与现代语言中所谓统一可以说是同义语。合一并不否认区别，“合一是指对立的双方彼此有密切联系、不可分离的关系。”[3] 论语：“礼之用，和为贵。”和为和谐、协调之意，也就是礼的运用，以和谐为可贵。[4]《中庸》载：“喜怒哀乐之未发，谓之中；发而皆中节，谓之和。中也者，天下之大本也；和也者，天下之大道也。致中和，天地位焉，万物育焉。”[5] “中和”道出了古代特有的美学形态，是以天下之和谐、人与自然之和谐为核心的整体之美。而墨子的“兼爱、非攻、

节用、节葬”等思想不仅传达了人与人、人与社会、人与自然的和谐关系，同时包含了兼容并蓄，为社会和谐发展而节约材料、节约资源的实用美学精神。通过以上分析不难看出，“和合”是多元中充满协调，并在事物虽存在时间、空间、形态差异但又彼此相互联系的基础之上，以实现在同一空间内共生发展乃至诸多生命形态和谐共处的理想境界。

聚落作为人们聚居的空间，其构成形态多样、复杂，既存在人与环境空间的矛盾，又存在人与自然并存的矛盾。由于人们居住的建筑空间是无法脱离自然环境而独立存在的，加上建筑空间有公共空间、私人空间、伦理空间等，且其关系错综复杂，如需构筑舒适而适合长期居住的空间，与自然和谐相处是至关重要的。因此，和合的含义不但体现在建筑与自然的融洽相处方面，而且还包含人与自然的美美与共。

二、江南运河古镇聚落中蕴含的和合之美

江南运河古镇聚落的形成是人们利用自然环境优势为自我生存提供可变空间的有力印证。尽管历史变迁、社会发展，受到生态、经济、文化、社会、科技等的干预，古镇聚落中的人居环境也因此受到影响而变化，但通过江南运河古镇聚落构成形态仍能窥见人与自然、建筑与自然相处的模式。江南运河古镇聚落的分布、建筑形态的营造、内在结构空间的设计等反映出了传统人居关系中的和合之美。

（一）聚落构筑与水网并存的和合之美

江南运河古镇聚落中的“和合”关系不仅存于某一个角落，也不是笼统上的人与自然的和谐，而是整体与局部的和合，局部与局部的和合，自然与自然、自然与建筑、建筑尺度与人的和合。

河道是江南运河古镇聚落的重要构成部分。起初，人们在构筑聚落时，河道是摆在面前的一道难题，因为水网过于密集而陆地空间相

对较小，选择在陆地构筑建筑省钱省力又安全，但有限的陆地面积和以舟楫出行的河道环境促使居住者择水聚居，构筑者不但要充分利用生态环境的有利条件进行水道疏通，圩堤造陆，与此同时还要遵循河道、地势、驳岸的自然形态构筑居住空间。事实证明，只有利用自然环境的优势，不破坏自然，建筑方能牢固持久，聚落方能稳固发展，居民方能生存发展。从遗存的聚落形态和环境空间来看，它们正是理性而巧妙地利用了水流河道的天然优势，以河道为中心构筑聚落，才得以形成街河并行、商铺林立、民居鳞次栉比、建筑多样的景象，通过这些可以感受到聚落曾经的繁荣，以及人与自然的和谐共处关系（图 7-1）。除了体现在人与自然的关系，和合关系同时还体现在建筑与建筑、建筑外部空间与内部空间、建筑结构与装饰、家具与建筑空间的关系上。

（a）乌镇西栅聚落

（b）新市古镇聚落

图 7-1　江南运河古镇中水网与建筑的关系

（二）建筑外部形态设计中的和合之美

在如织的水网影响下，地形地势不同，形成的地块面积大小不一，形态不同，受此影响，江南运河古镇聚落建筑形态呈现出多元化与差异化的特点，虽然建筑的外形往往充分利用地理环境优势，但同时又受制于土地所在位置环境、地块形状等，产生了多种多样的建筑形态，不规则的建筑较为常见，如有扇形、半圆形、三角形、多边形等建筑

形态，甚至还有长方形中带有圆形转角、梯形等建筑形态，这些建筑形态和格局与常规建筑的矩形形态不同，虽然没有固定的样式，但与河道、街道空间协调。以圆弧墙体结构建筑为例（图 7-2），这类建筑一般位于街道、河道转弯处，受地形和使用空间的影响，建筑墙体的形态根据地形、河道环境的变化而变化。而不完全直边的建筑墙壁设计充分考虑街道功能空间需求，方便通行，同时也保护建筑不受碰撞，并与空间环境相呼应。因此不求与相邻建筑形式统一，但求与空间环境适应是江南运河古镇建筑的设计特点，虽然建筑形式有差别，但建筑的营造手法、材质、风格、装饰色彩较为统一。

（a）河道交汇处的建筑

（b）河道拐弯处的建筑

（c）河道拐弯处的建筑围墙

图 7-2　随河道与街道形态营造的建筑

（三）封火墙、天井设计中的和合之美

市镇聚落作为周边及下辖乡村的政治、文化、经济交流中心，人口相对密集，而在以舟代车的年代，择水聚居是根本，为充分利用每一寸土地，沿河建筑鳞次栉比，彼此的墙体相依。木构梁柱建筑往往存在火灾隐患，由于相邻建筑中间不留多余空间，为避免火灾波及相邻建筑，讲究的人家会将山墙拔高出屋脊，形成封火墙，其中最具地域特色的是观音兜式的封火墙（图 7-3）。设观音兜式封火墙是为了不受毗邻建筑失火波及，同时也不会对相邻建筑造成影响，使邻里之间减少争端，并且封火墙的设计在向天争空间的同时，造型为中间高、两头低，也不会影响建筑的采光，这是对和合思想的呈现。江南运河古镇聚落建筑，其开间样式、院落空间呈现多样化，并且多设有天井式的院落。天井本是因为建筑与建筑之间距离太近而形成的围合空间，

当然也有因回廊式建筑结构而形成的天井，因此，天井的大小、形态因建筑结构围合的空间而存在差异，不管是哪一类，天井的作用都不可小觑，在高而密闭的建筑空间内，天井是建筑内部采光的来源和换气通道（图 7-4）。因屋面形态往往受建筑结构围合空间形态的影响，屋面坡度也随天井而改变，因此形成四个梯形的屋面围合的长方形天井井口，同时仰瓦、合瓦的铺设考虑雨水的流向，这样水流直接通向地面，而不同屋面交接处的水流会交汇而滞留，在两个屋面的交界线上设有天沟，通向天沟的合瓦在天沟处形成错落，这样汇集于仰瓦的雨水自然交汇于天沟，再经由天沟排水到天井内之后，既可以储存用于防火，又可以浇灌天井内的花卉灌木。除此之外，和合之美还体现在廊棚、骑楼等建筑设计上（图 7-5）。

图 7-3　南浔百间楼建筑中的封火墙　钱玉其 摄

（a）天井内部

（b）天井屋面

图 7-4　天井结构

（a）骑楼外部

（b）骑楼内部

图 7–5 骑楼内外构造

（四）建筑结构设计中的和合之美

虽然江南运河古镇建筑是由砖木混合构成，但梁柱穿插组合支撑整个建筑，从内部看，梁柱依靠榫卯耦合构成层层叠加、错落有致、完整有序的建筑框架结构（图 7–6）。从图 7–6 可以看出，同一座建筑中的梁柱构架虽然粗细不一，结构功能不同，但在用材方面却体现出统一与协调，木材的粗细、长短、高低随木架结构的变化而变化，装饰也因建筑构件的形态与功能而有所不同，因此，当站在几百年前

图 7–6 建筑内部框架

营造的建筑空间中，人们不会感到压抑，反而会感到宽敞、通透。事实上，不管是建筑木架结构的设计还是屋宇上瓦片的仰、合构成，都有一套独特的构造方法，这种构造方法因材质而不同，也因功能而存在结构上的不同。正是因为营造者尊重材质的特性，才找到了合理的方法，使五六种材质构成的建筑空间看起来自然、协调。以建筑墙体为例，青灰色的条砖在烧制过程中因受窑室温度影响，烧成的砖体存在色差，垒砌成墙后，墙体颜色就会有差别，砖与砖之间的灰泥泥缝也凹凸不一，用调制的白灰泥粉刷墙体既可以保护砖体不受风雨腐蚀，又提升了外观的美感。当然也有直接将砖暴露在外的，但会对砖缝进行美化。总之是为了保持建筑形式整体上的协调与美观。

第二节 从装饰设计看共生之美

一、如意装饰设计中的共生之美

（一）如意符号的内涵以及在装饰中的应用

江南运河古镇建筑装饰雕刻于木、石、砖等材料之上，其谱系和母题丰富，谱系类别多样，可分为以下几类：典故类，如空城计、三顾茅庐、舌战群雄等人物故事；宗教人物故事类，如西游记师徒取经图、道教八仙、福禄寿三星、和合二仙等；符号类，如八吉祥、暗八仙、万字纹等；吉祥纹样类，如灵芝、万年青、祥云、如意、蝙蝠、铜钱、象、麒麟、龙、凤、麒麟、鹿、鹤等；文字类，如福、禄、寿等。其中最为普遍的是如意符号，不仅可以单独用作装饰，还可以与多种装饰纹样相结合应用于不同的建筑构件上。因与不同母题的纹样结合，装饰方法亦有不同，蕴含的寓意也不尽相同，但却和谐共生。

如意符号是乡土社会中人们对美好生活的祈愿载体，作为装饰符号，具有典型的象征意义。“就其功能而言，符号的作用很直接，符号是构成文字语言、视觉语言的一部分，符号向我们传递的是一种可以进行瞬间知觉检索的简单信息。而象征符号是一种视觉图像，或是表现某一思想的符号。”[6] 如意，取诸事顺心之意，既有隐喻，又有表征的作用。这一图形是随中国传统文化发展过程孕育而生的具有象征意义的符号，是人们思想观念外化的视觉形式语言，使用者通过这一符号传递心理暗示，以表达对美好生活的祈愿与向往，反过来又通过对客观存在的装饰形式的感知获得心理审美。如意符号之所以被广泛用于建筑，离不开地理环境、生活习俗、宗教信仰、物质文化等方面的影响。作为一种具有吉祥寓意的符号，在演变过程中承载着不同的功能，在环境、时代、使用者等的影响下，使用的对象发生改变，功能发生改变，语义也逐渐多元化。

（二）如意符号的演变与功能的嬗变

“如意”是中国传统吉祥纹样之一，因其有吉祥的寓意被大众所喜爱。“如意”从把件演变到装饰符号经历了漫长的发展过程。《事物纪原》载：“吴时秣陵有掘得铜匣，开之得白玉如意，所执处皆刻螭、彪、蝇、蝉等形。胡综谓‘秦始皇东游埋宝以当王气，则此也。盖如意之始，非周之旧，当战国事尔。’”[7]“如意”被视为较为贵重的器物，并且象征王权。其以玉石为主材，并雕刻精美的纹样。东晋王嘉《拾遗记》卷八载：“孙和悦邓夫人，常置膝上，和于月下舞水精如意，误伤夫人颊，血流污袴，娇姹弥苦。”[8]在三国时期，如意是一种把玩的器物，主要在贵族之间流行，材质上有了更新，由琥珀、水晶制成，但易碎、易折、易误伤人。《南史・韦叡传》载：“虽临阵交锋，常缓服乘舆，执竹如意以麾进止。”用竹制作如意，用来指挥战事，有发号施令的作用，也是权力的象征。除了为皇权贵族持有外，如意也被普及到了达官贵人中，为其所佩戴，成为身份的象征。梁萧纲诗文：“腕动苕花玉，衫随如意风。”[9]玉如意成为随身佩戴的物件，象征身份和地位。随着佛教文化的发展，如意作为佛事用具被使用，唐代诗人张祜《题画僧》诗之二：“终年不语看如意，似证禅心入大乘。”如意是僧人诵经、记事的手持器物。北宋释道诚《释氏要览》载：“如意，梵云阿那律，秦言如意。指归云：古之爪杖也，或古、角、竹、木、刻做人手指爪，柄可长三尺许，或脊有痒、手所不到，用于搔抓，如人之意，故曰‘如意’。”[10]该书不仅对如意的形态、材料、大小

作了详细的记载，还厘清了如意与“不求人”[1]的关系。而如意作为一种象征符号被用于建筑装饰，可见于宋人李诫所撰《营造法式》，该书记载如意图式有“单卷如意，三卷如意，惹草如意，云头如意，剑环如意”[11]。从类别和形态来看，如意符号用于建筑装饰已较为成熟，纹样不再是单一的如意造型，而是与惹草纹、祥云、剑环纹相结合，纹样虽有装饰功能，但也是礼制的象征。明、清两代是如意发展的鼎盛期，故宫博物院的藏品中，如意造型丰富，材质多样，有名贵的紫檀、珐琅、瓷、玉、竹，也有多种材料结合、多种形态结合的，如灵芝如意、八仙寿星、云头、芦雁、竹林七贤等，工艺上也更加复杂，有铁错银、金錾花、木镶玉等。清代宫廷如意图式有简约的，也有繁复精美的。宫廷如意多为把玩的器件，于清朝乾隆时期兴起，至清晚期仍然流行于宫廷贵族之间，仍不失礼器的功能，同时普遍用于江南运河古镇建筑装饰，且如意符号不限于宫廷如意造型，形式自由、多样，形态上看有具象的，也有抽象的，总体上看有极强的装饰功能。当然，如意符号普遍应用于建筑民居装饰，进而走进普通百姓的生活，实现从神圣的礼器到世俗化器物的转换，离不开社会环境的影响、时代变迁以及建筑营造制度的改变。

通过对江南运河古镇聚落建筑田野调查资料的分析来看，建筑装饰中的如意符号形态既传承了《营造法式》中记载的单卷如意、三卷如意、云头如意、卷草如意形态，又受清宫廷如意造型的影响，如有灵芝如意、天官如意、仙人如意、飞天如意等。现存江南运河古镇建筑多建造于清中后期至民国时期，如意符号应用广泛，与多种吉祥图形相结合，与地方民俗文化信仰相融合，衍生出多种如意图式。如意图式的多样化，直接引起如意形态从抽象到具象、从单一到复合的变化。而如意符号的多样化发展，与如意本身的美好寓意相关，同时也离不

---

1 “不求人”是专门用来搔痒的，有长长的柄，顶端形状如手，“五指”俱全。背部发痒，用它一搔，舒服透顶，故古人冠以“不求人”的雅称。

开建筑技术和雕刻技艺的发展。总体看来，如意符号与建筑结构设计巧妙结合，以图形同构化设计为主要特征，因此与其他吉祥纹样组合产生新的语义。

（三）如意符号的表现形式与构成特征

1. 表现形式

与用于赏玩与记事的如意形态不同，江南运河古镇建筑中的如意形态可谓千姿百态。但如意符号不是脱离于建筑结构设计之外的独立形态，而是与复杂的建筑构件、建筑营造技艺相结合而呈现出多种样式。当然，如意形态的完整呈现与江南建筑木作技术的成熟和雕刻技艺分不开。

江南运河古镇建筑装饰基本以雕、刻呈现图形。雕、刻是以刀代笔，在木材上对图形进行深浅、高低、透漏立体造型的方法。相比于彩绘图形的平面性，木雕纹样有纵深感和层次感。如意符号的呈现受建筑结构，构建方法，构件的大小、厚度、长短、宽度、用途、雕刻方法等的影响，同时也受建筑构件功能的影响，因此如意符号装饰方法也呈现多样化，有圆雕、高浮雕、浅浮雕、透雕、阴刻与阳刻等，尤其以阴刻和阳刻较为普遍（图 7-7）。阴刻是以减法的形式剔除掉不需要的部分，多以线形体现图形的轮廓。阳刻是保留轮廓或图形整体，剔除图形之外的部分，使图形突出于平面，也就是所谓的剔地。阴刻和阳刻常见于建筑梁枋、骑门梁、绦环板上的如意符号。大多数情况下，阴刻、阳刻兼用，目的是更好地呈现图形的层次（图 7-8）。高浮雕、圆雕则常用于雀替、月梁、花板、木墩、垂花柱等构件，所雕刻的图形具有纵深的空间感，雕刻的纹样体现出光影关系，更加生动，但图形符号的结构相对复杂，特点是体量感和张力相对较强。选择什么样的雕刻技法取决于建筑构件与材料的特征，一般与构件的厚薄、体积大小、材料肌理、质地有直接的关系，在此基础上，如意符号衍生出不同的设计类型和风格。

图 7-7　混合雕刻

图 7-8　浅浮雕

2. 构成特征

如意符号在建筑装饰中形式多样，有单一的，也有重复的；有一头的，也有多头的；有无手柄的，也有手柄的；有饱满的，也有修长的；有立体的，也有半立体的；有线形的，也有体块的。这些形态万变不离建筑构件的形态，与建筑构件巧妙和谐地融为一体，自然、美观，不矫揉造作。按照如意符号的呈现形式与形态构成特征，可分为单体型、复合型、重复型（图 7-9）。

（a）单体型

（b）复合型

（c）重复型

图 7-9　如意组合类型

（1）A 型——单体型

单体型如意与赏玩式如意形态较为近似，与建筑构件结合后，呈现较为完整的形态，一般用于宅第建筑拱形轩廊正下方[图 7-9（a）]，两两相对，正面朝下，位于梁柱夹角延伸部分，有剪力的功能，兼具装饰作用，具体可归纳为四种类型：A_1——直柄式、A_2——曲柄式、

A_3——灵芝式、A_4——云头式（表 7-1，A 型），其中以直柄天官式和灵芝两种式样最为常见。单体型的如意主要与建筑构件雀替相结合，其形体修长，布局统一，雕刻生动自然，精致细腻，立体感强。装饰于花板、绦环板上的如意，基本以浮雕形式呈现，没有支撑功能，仅起装饰作用。总体上看，不管是依附于什么构件，单体如意的造型较为直观、生动、形象。

（2）B 型——复合型

复合型如意是指如意与其他吉祥纹样结合，产生新的形态、新的寓意。复合型一般指两种图形同置融合在一个画面中，例如与龙、凤凰、牡丹、和合二仙、宝相花等纹样巧妙结合、互相衬托［图 7-9（b）］。复合型如意主要分为四种结合形态：B_1——拼接式、B_2——交叉组合式、B_3——嵌入式、B_4——替代式（表 7-1，B 型）。例如灵芝如意与仙人拼接图形（表 7-1，B_3），与撑拱共生，用于建筑梁柱交接处，起到支撑建筑和剪力的作用，往往两两相对，呈对称分布。与单体型如意相比，复合型如意体型厚重，视觉语言丰富，立体感更强。但复合型如意并不是简单地组合，而是运用巧妙的方法，使其与其他图形以完整的形态融合在一起，实现同构化设计。

（3）C 型——重复型

如意符号既可以作为装饰主体出现在建筑结构上，也可以作为客体与主体图形融合，同时，还可以以边饰的角色出现在门楼、墙体及各种建筑空间里［图 7-9（c）］。常见的重复型如意符号有四种：C_1——阵列式、C_2——错落式、C_3——并列式、C_4——叠加式（表 7-1，C 型）。设计中的重复图形有强化图形符号的作用，如意符号以重复的形式出现，无外乎是强调其吉祥如意的寓意。重复型如意多用于雀替、月梁、骑门梁、撑拱、牛腿以及花板，其图案设计简洁，多个统一或大小不一的图形共存，比例分配或一模一样，或大小不同，也有多个如意错落有致地结合，其中以表 1 中 C_2 型居多，通常以两三朵或五六

朵灵芝如意组合，大小、上下、左右错开，表面上看似轻巧，实则较为厚重，既考虑了雀替分担梁柱承重的功能，又在视觉设计上体现了轻盈的体态。如意符号之所以以不同的形式被频繁用于建筑空间中，与如意符号的美好寓意密不可分，与不同纹样结合使用，寄托着居住者不同的审美愿望。

表 7–1　如意符号的构成类别

类别	类型名称			
A 型	A_1	A_2	A_3	A_4
单体型	直柄式 	曲柄式 	灵芝式 	云头式 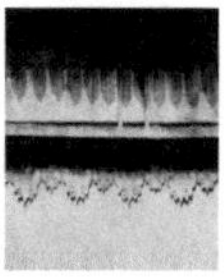
B 型	B_1	B_2	B_3	B_4
复合型	拼接式 	交叉组合式 	嵌入式 	替代式 
C 型	C_1	C_2	C_3	C_4
重复型	阵列式 	错落式 	并列式 	叠加式 

（四）如意图形设计蕴含的审美理想

1. 与瓶（平）升三戟（级）结合寄托着居住者的仕途理想

从语言学的角度看，瓶（平）升三戟（级）有异形同构的意味；

而从图形设计的角度看，如意与瓶子造型的结合又有同形异构的意味。所谓“同形异构”，指的是对一种图形进行巧妙的变化可以表达两种含义。具体地讲，是用不同的元素或不同排列组合方式拼出同一个形状，该图形表达两个意思。以如意符号与瓶（平）升三戟（级）中瓶体轮廓线的同构为例（图 7-10），如意符号为完整的形象，对称呈现，巧妙地利用瓶体轮廓线与如意手柄的线形同构，以正平面的形式完整呈现出瓶体形态和如意符号，巧妙之处在于如意符号的线形化设计与瓶体的轮廓线完美契合，实现了一形双义。如意符号既借用了瓶体的轮廓线，又赋予了瓶理想化、多元的吉祥寓意，引申为官运如意亨通。同构的设计方法使图形于有限的空间内，在不影响视觉辨识度的情况下实现两种图形同置、共存，以自然、协调的方法获得双重寓意。

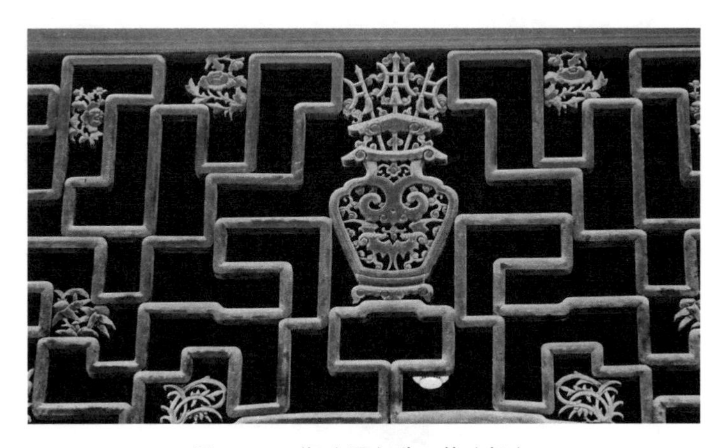

图 7-10　瓶（平）升三戟（级）

2. 与螭龙结合寄托家业兴旺之祈愿

异形同构在建筑装饰图案设计中应用较为广泛，异形同构是由两种图形经过巧妙的组合传达一种意思，目的是取得复合式的语境。例如将蝙蝠与寿字结合，寓意福寿双全。将螭龙与如意结合，寓意家业兴隆如意。螭龙传说为龙生九子之一，《广雅·释鱼》：“雄有角，雌无角，龙子一角者蛟，两角者虬，无角者螭也。”也就是有鳞者称为蛟龙，有翼者称为应龙，有角者称为虬龙，无角者称为螭龙。《说

文》："螭，若龙而黄，北方谓之地蝼，从虫，离声，或云：'无角曰螭。'"[12]螭龙的历史悠久，流行于汉代，多用于玉器等装饰。螭龙也被称为屋上兽，用意为防火，故宫建筑中用螭首排水，称为螭首散水。在江南古镇民居建筑中，螭龙也是相当常见的，民间取龙与"隆"谐音，寓意生意兴隆、家业兴隆、子孙兴隆等。同时中国传统建筑以木构为主，传统观念里，自然物质中木生火，而古人认为螭龙属水，水被认为是财富的象征，兼具灭火的功能，因此，螭龙有镇宅的寓意。螭龙与如意符号结合常用于砖雕门楼上（图 7-11），从整体构图上看，螭龙以水中游走的形态呈现，从比例上看，螭龙占据了整体画面的约 2/3，螭龙的身体为 S 形，动态感强，三叉卷尾，蹬腿有飞舞之势，张大嘴巴，口衔的流线形如意与螭龙的 S 形融为一体，浑然天成。螭龙与如意符号的普遍化同构，是百姓需要借助于螭龙，寄托家宅平安、如意兴隆愿望的表现。

图 7-11　如意与水螭龙吐水纹样结合

3. 与云纹同构有镇宅厌祥的作用

建筑构件形态不一样，构成方法也不尽相同，如意有时以拼置的形式构成。"拼置图形是指利用各种现成形状的物品拼合出新的图形，它是各种物形的混合体，属于同构设计的一种形式。拼置图形一般是通过形象嫁接的手法，'一语双关'地表现创作主题，通过象征或隐喻，使图形富有内涵和视觉张力。"[13]拼置同构并不是简单地将物形拼凑在一起，而是应保留原形的个性特征及视觉识别特点，同时拼置连接的部分要过渡自然，图形应具备视觉的完整性和合理性。以云头如意为例（图 7-12），单从外观形态上看，有如意符号的特征，但细看内部组织，由5个朵的云纹如意构成，最顶端居中布置一朵对称式的卷云纹如意，有直冲云霄之势，下方四朵为两两相对，造型相同，以中轴对称性分布构成上小下大的塔状结构，构成如意头部的形态，有稳定感，平衡性强。受使用空间、造型结构等的影响呈现不同的拼置同构方式，但离不开传统对称轴式的构图方式。以双拼如意为例（图7-13），这是用于桥梁横梁抹头的装饰，在方寸空间内，两朵如意平行拼置组合在一起，其图形大小相当，如意柄形以百吉文的形式构成一个整体，结点居于两朵如意内侧卷曲线的下方，这恰巧是相对中间的位置，左右的柄形、长短统一，高低相当，整个画面平衡、稳定、简约、形象。如意符号的并置还用于砖雕门楼的边饰，建筑月梁、角梁的装饰，是较为常见的艺术形式语言。而如意呈一对并置应用，其中也有寓意，在中国传统文化中，“双”是吉祥的数字，与喜字结合为双喜，相关的成语有双喜临门、出双入对、双龙戏珠、好事成双、比翼双飞等。以此来看，两个如意寓意双双如意，以百吉文构成，又有如意绵长之意。

图7-12 多头如意拼置

图7-13 双如意拼置

4. 与龙、凤等纹样的同构增加吉祥的寓意

“置换同构又称替代同构，指某一位置上形与形或物与物的更改与变换，在保持原有图形基本特征的基础上，找到图形与图形之间的共性，以一种物形素材替代而产生具有新意的图形。”[14] 这种替代方法可以形态相近，寓意相近或相反，没有固定的形式。置换是比较直观而简单的设计方法。如意图形以置换同构方法使用较多，与宝相花、卷草纹结合，替代宝相花；与大象结合，替代象鼻子；与定胜形结合，用四个线形如意代替定胜轮廓线，构成定胜如意；与人物结合，替代发髻。替代置换是较为直观的呈现图形的一种方法。以建筑砖雕构件中云头如意置换凤凰头冠的图形为例（图 7-14），凤纹是江南运河古镇建筑中常见的图像，凤凰形态卓越，姿态优美，在传统文化中代表着美德与智慧。从整幅图来看，主要由主体与背景构成，背景为云纹，云纹在这里既有衬托主题的作用，也有吉祥纹样的功能，其凤冠如意符号与祥云形态较为相像，饱满有力。凤冠是凤凰高贵而华丽的象征，用如意符号置换凤冠：第一，可以凸显如意的吉祥寓意；第二，可以强化如意符号的功能。这种置换属于局部置换，在不改变整体形象的前提下，对局部形态进行置换。如意符号的置换为画面增添了多重语义，凤凰、祥云、如意的组合形式恰好表达了理想化的美好祈愿。

图 7-14　云头如意与凤冠的置换

如意符号在与吉祥符号同构后，不但强调了视觉图形的传达功能，同时还以无声的形式传递着双重或多重的文化语义。建筑构件中如意

符号的普遍使用和表达，也是居住者的精神外化以及对理想家园、繁荣昌盛、健康长寿的期许。如意符号的多样化设计与其他吉祥纹样融合，在强化如意符号作用的同时，无外乎为的是生活的方方面面能顺心如意、至善至美。

（五）如意与江南运河古镇居民生活与审美心理

如意之所以受到江南运河古镇居民的欢迎，与其传达乐观、向善、向真、向美的精神不无联系。如意符号是江南运河古镇建筑不可分割的一部分，同时也是乡土文化中孕育出来的含义深远、涵盖面较广的符号。如意符号的广泛应用是淳朴的民俗、民风、民情的真实反映。如意符号除了普遍被用于建筑装饰之外，还普及到了当地居民的衣食住行之中，如意符号与人生重要仪式如影随形，是因为人们将自己的情感寄托于如意符号。如在浙北地区，人们将如意符号印在糕点上，名为如意糕，过新年、结婚、满月酒、营建、升迁等均会食用如意糕，以示一切顺遂、如意，由此可见人们对如意符号的认可和依赖程度。除此之外，如意符号也被用于人名，女孩名居多，取健康如意之意。女性嫁得合适的丈夫，称之为如意郎君。

从在建筑装饰中的普遍使用来看，如意符号已经完成了从高高在上的礼器向世俗化器物的转换，深深扎根于普通人的生活之中。在这一转换过程中，如意符号并没有完全脱离礼仪功能。如意符号往往与普通人生命中重要的时刻相关联，与人一生中重要的仪式相融合，这也是因为如意符号被赋予的吉祥而美好的寓意让人们产生了心理与审美共鸣。

从设计学的角度来看，有寓意的图形加上合理的设计方法有着积极的传播价值和意义，其作用可以归纳为三点：第一，具有美好寓意的如意符号赋予建筑以丰富的内涵；第二，合理的同构化设计可以使图形巧妙地融合，取得语义双关的作用；第三，以如意符号为载体将传统文化精神进行外在而形象的表达，与居住者建立情感共鸣，形成

积极向上的审美观。

二、建筑构件与装饰纹样的共生

（一）小月梁与装饰纹样的共生

仔细观察江南运河古镇建筑的构造，其结构严谨且功能明确，装饰方法合理，梁、枋、瓜柱遵循不同的装饰法则。例如，横梁的雕饰往往为中间部位，而这个部位刚好是室内开间的中间；角梁的装饰往往与瑞兽纹样相结合，以梁头为重点刻画，往后逐渐减弱；瓜柱因为较矮，有时只需简洁的流线形纹饰一笔带过，简约大气；月梁因在建筑中所处的位置有不同的装饰。相对于梁、枋而言，花板、雀替、撑拱、牛腿等构建的雕刻装饰较为讲究，有的为半雕，有的为满雕，因此这些构件往往工艺技术细腻，设计别出心裁，纹样与结构完美融合，其中以月梁最为典型。

月梁是经过艺术加工后的一种梁，梁肩、梁底均加工成曲线，呈上拱之势，富有弹性，是中国传统建筑中将力与美融为一体的大木构件，亦即古文献中多次出现的“虹梁”，如“抗应龙之虹梁”。[15] 月梁一般用于大型宫殿建筑、寺庙建筑、祠堂等面阔广、开间大的建筑，在江南运河古镇建筑中也较为普遍。其具体形态为两端呈弧形，而中段微微上拱，整体形象弯曲得近似新月，所以称为“月梁”。与月梁形态相似的是小月梁，一般用于建筑檐廊，连接金柱和檐柱，这种空间中的月梁跨度不大，较为小巧，故称为“小月梁”。小月梁在江南运河古镇聚落宅第建筑中较为常见，并与吉祥纹样相结合，其中与大象的结合最为生动。以象形小月梁为例（图 7-15），整个月梁由两只大象相向而构，以拱为身体，大象的头部呈弧形，并且与檐廊上的弧形椽子弧度保持一致，大象鼻子微卷，牙齿伸展上扬，头部轮廓线与祥云纹结合，整体上以线造型，一笔带过，简洁明了。两只大象头部装饰手法一致，几乎如出一辙，呈对称式分布，如同两只大象在向两个方向行走，形态生动活泼。除此之外，大象还与檐梁、挑头梁、角梁结合使用（图 7-16），装饰方法相仿。象形之所以被用于月梁、穿木、挑头梁的装饰，与大象在中国传统文化中的吉祥寓意有很大的关系，大象形象敦厚、性格温和，同时“象”与“祥”谐音，寓意吉祥如意，大象背上驮瓶子，寓意太平有象。大象的鼻子长，可以吸水，有聚财之意。

图 7–15　象形小月梁

图 7–16　象形角梁

（二）撑拱、牛腿、雀替与装饰纹样的共生

撑拱，一般用于屋檐下，常常以斜置的方式连接撑枋与檐柱，形成支撑（图 7-17）。“屋檐下用一根木材，下端顶在柱身上，上端支在撑枋下，一根柱子用一根撑拱就将屋顶的出檐支撑住了，既省工，又省料，在结构上也简单合理。这种支撑之木可能因为与斗拱起着同样的作用，所以称为撑拱。”[16] 看似简单轻巧的撑拱，其功能不可小

觑，在承担支撑功能的前提下，撑拱造型往往与装饰纹样相结合，随着建筑空间变化而呈现多样的形态。有简单的造型，也有复杂的造型。简单的撑拱，与其相适应的装饰纹样也较为简洁，如卷草纹；复杂的撑拱则装饰有人物类、动物类、植物花卉类等纹样，纹样造型也相对复杂。以灵芝如意形撑拱为例［图 7-17（c）］，在一根完整的略带弯曲的原木上以如意造型通体装饰，形成 S 形，因用于檐廊下的柱与梁之间，可以从三个角度看到形态变化，故撑拱多为三面雕刻。此款如意撑拱设计以手柄的长度为依据，根据撑拱形态、材料特性而将如意造型用于不同的位置与角度。独特之处在于将手柄塑造成遒劲有力的枯木形状，但不失灵巧，在手柄部位的弧形空间内镶嵌一个蹲着的人物，刻画生动形象，服饰造型清晰，此为点睛之妙笔，人物头顶上方，也就是 S 形的中上端分布着五个大小不同、方向不一、高低错落的如意头，其雕刻手法细腻，尤其是最上段顶着梁头的如意，体态大而浑厚，形象雕琢清晰，说明是为支撑梁头而用心设计的。整体上看，如意形态与撑拱共存共生，共同发挥支撑建筑的作用，并不是为了装饰而装饰，也因此显得自然、舒适，与空间相处融洽。其他纹样与撑拱结合均是采用与如意式如出一辙的设计方法，如卷草形、人物形、回纹形、草龙形，都能与撑拱巧妙结合，共融共生。

（a）转角处的撑拱

（b）檐下的撑拱

（c）檐廊下的撑拱

图 7-17　撑拱

如果不仔细观察，容易将牛腿和撑拱混淆，两者在形态上有共性也有差异。撑拱与梁、柱连接后，中间形成一个空间，为了美观，有工匠将这一空间嵌上雕刻精美的花板，但花板上的纹样与撑拱的装饰纹样没有必然的联系。“经过长期实践，这空档的装饰逐渐与撑拱连为一体，于是一根木棍或木条的撑拱变成了三角形的构成，称为牛腿。”[17] 牛腿又被称为梁托，可谓中国传统木构建筑体系中的典型构件之一。在一定程度上，牛腿是由撑拱演变而来的。但与撑拱相比，牛腿造型更加厚重，牛腿用于梁与立柱之间的横梁与立柱夹角内，与梁、柱贴合，因此牛腿往往用于支撑体积大的建筑（图 7-18）。牛腿的作用是衔接悬臂梁与挂梁，并传递来自挂梁的荷载，而牛腿与立柱契合，又将荷载重量传递给立柱，牛腿既支撑梁体，又替立柱缓解来自悬梁的重力，因此，牛腿起到支撑与剪力的作用。由于檐廊暴露于庭院空间中，居住者进出庭院便可看到，所以牛腿的造型装饰极为考究。牛腿的体积、形态与撑拱不同，因此装饰纹样也有所差异。牛腿构件造型并不是完全的等边三角形，也不是真正的等腰三角形，而是由建筑檐廊挑头梁的头长与立柱的 90 度夹角之间的距离决定的，而这个距离往往也受建筑面阔、开间、廊檐的宽窄的影响。牛腿的造型有修长型、矮胖型，厚度也根据造型特征而变化，有宽厚型、薄片型。牛腿造型的装饰呈现多样化，总体上可以分为人物型、动物型、卷草型、如意型、凤型、狮子型、回纹型等，其中具有典型装饰特点的是回纹型［图 7-18（a）］。回纹型牛腿是以方正的回纹构成 90 度角，与梁、柱的夹角完美契合，再以回纹框架为基础进行其他纹样图式的设计与组合，由于牛腿造型为立体扁平型圆雕式，除了一个立面与一个横面与立柱、梁枋结合之外，至少有三面可观，其中正面、左侧面、右侧面三个面积较大，是重点刻画的对象，为了满足视觉和心理上的需求，回纹牛腿一般与人物、花卉、卷草等纹样结合使用，有时与人物结合的牛腿最为有趣，一般为立式人物，正面朝向庭院空间，居住者进入庭院空间，

人物便直入眼帘，形成人物与居住者的对视关系，生动有趣。根据结构特征，牛腿的设计方中带圆、曲直有别，如果不仔细观察，会误认为这就是一个为点缀环境而设计的装饰构件，实际上这是一个有实际应用价值的建筑构件。

（a）回纹　（b）灵芝如意　（c）卷草如意

图 7-18　牛腿

（三）雀替、挑头梁与装饰的共生

雀替是位于建筑立柱与梁枋相交处的构件，它自柱子上方的左右两侧伸出，紧贴在梁枋之下（图 7-19），能起到减小梁枋跨度和梁柱相接处剪力的作用，同时还能防止立柱与横梁垂直交叉时倾斜变形。[18] 雀替是随着木构建筑体系发展而形成的，宋以前称为“替木”，宋代称为“角替”，清代称为“雀替”，又称为“插角”或“托木”。现代基本承袭清代的名称，雀替为官方称谓。在形态和功能上，雀替与撑拱、牛腿不同。相较于灵巧的撑拱，雀替的横向跨度大于纵向，与横梁的接触面更大。与撑拱、牛腿的纵向竖立结构相比，雀替则以横向构成为主，一般与梁、枋、阑额的接触面积大，横向边线较长，与立柱耦合面相对较短，因而纵向边线短，这一特点刚好与牛腿相反。

在使用部位上，雀替一般用于立柱与梁、枋、阑额交接处，而牛腿则用于檐廊挑头梁与檐柱的交接处。大多数雀替也是雕满纹样，当然雀替造型不同，纹样的构成与组合也不尽相同。

图 7–19　雀替

江南运河古镇民居建筑中的雀替构件普遍不大，有的为长条形，有的为不规则的形状，装饰上有与回纹结合的，有与花卉结合的，也有与龙、凤结合的，还有直接雕成一束折枝花卉的，如折枝牡丹、莲花等。总体上看雀替的造型要么简洁几何化，要么仿生化。以仿生设计的雀替为例（图 7-20），其整个造型由三朵折枝牡丹组合在一起，叶片或卷曲，或舒展，或上翻，或前伸，花朵前后错落，全部为圆形盛开状态，并且朝向地面，人站在地面仰望，恰好形成对视。也有用并蒂牡丹构成的雀替，牡丹花为半盛开的状态，叶片茂盛，有的紧贴板面，层层叠加，有的伸展张开，虽薄而有张力，最有趣的是还有一个含苞待放的花骨朵，造型饱满，紧贴于盛开的花朵边上。大多数情况下，雀替中的纹样与梁、枋的装饰纹样相协调，采用相同的题材，同时也考虑整个建筑空间内的雀替装饰统一。总之，不管用什么样的题材，什么样的造型，纹饰与雀替造型保持协调，几乎没有纯粹为了装饰和美观而舍弃雀替剪力作用的情况。因此，雀替装饰紧随造型结构而进行适形设计，取得功能和视觉上的协调。

（a）折枝莲花与莲蓬组合

（b）折枝莲花与莲叶组合

图 7–20 莲花雀替

三、锦地纹与砖雕构件、门窗结构设计的共生

锦地纹，简称锦纹，是中国传统纺织品上的装饰纹样，其出现与纺织品技术的发展有着密切的联系，因常被用作辅助纹饰，起地纹作用，因此称之为锦地纹。在历史发展过程中，传统艺术互相融合，互相借鉴，装饰纹样的设计也是如此。常见的锦纹装饰有十字、方形、万字、回纹、花卉、圆形、三角形、菱形等，以上纹样既可以单独组合而成锦地纹，也可以互相结合组合，如五角形与十字形、六角形与梅花形、圆形与十字形等组合。还可以在锦地纹上装饰折枝花、人物、山水等。锦地纹用于建筑装饰的历史悠久，但有迹可循，宋代《营造法式》中对锦地纹用于门窗装饰做了详细的记录，如挑白毬纹格眼、四斜毬纹、四直毬纹、方格眼、双混方格眼、盘毬、穿心锁子、叠胜、簇六毬纹、罗纹、罗纹叠胜、柿蒂纹、龟背、簇六填花毬纹、簇六重毬纹、交圆花、簇六雪花、平钏毬纹、柿蒂转道等。这一详细的记录说明了锦地纹已经被广泛运用于宋代官式建筑的门窗、藻井。而至明清时期，锦地纹不但运用于门、窗、藻井、栏杆等构件，还运用于门楼、梁、枋的装饰。其运用方法多样，交叠构成，方中带圆，圆中带方，还有方、圆中套花卉等，较为常见的是龟背纹、毬纹、柿蒂、锁子、叠胜纹，也有菊花、牡丹、荷花、毬纹、龟背纹、叠胜纹的组合平铺、交叠设计，其中独具特色的设计当属锦地纹与折枝花卉的组合。锦地纹的设计因构件造

型形态而定，应用也由建筑构件的功能而定，因此，在江南运河古镇中很难看到一模一样的锦地纹装饰，即便是同一空间内同样构件上的装饰，也力求新颖。以新市古镇清代建筑群中格扇门上的绦环板装饰为例，在六扇格栅门的绦环板中分别装饰有六款不同的锦地纹和主图图案（图 7-21）。这些纹样巧妙地组合在尺寸统一的六扇绦环板中，且绦环板以四合如意作为边框，不变的是绦环板的尺寸和四合如意的边框设计，变化的是锦地纹的拼合方式，或并置，或叠置，或透叠，或套合，主图的构图方法也因图形特点而灵活多变。有的贯穿于画框内，或隐或现；有的从一侧斜置入画面，有的从下往上贯穿并横于绦环板之上；有的图形遒劲有力，有的自由飘逸，与地纹的宁静、统一形成对比，动静相宜，层次分明。绦环板上锦地纹的装饰不是随意安排的，

（a）簇六毬纹套花与折枝栀子花为主图的组合

（b）八边形套莲花、菱形套菊花平行结合而成的地纹与老桩梅花为主图的组合

（c）万字纹拼合龟背套花与松树为主图的组合

（d）簇八毬纹套荷花与折枝茶花为主图的组合

（e）柿蒂纹拼合毬文套花与折枝海棠花、兰花为主图的组合

（f）万字纹拼合变形套花与以茉莉花为主图的组合

图 7-21　绦环板上的锦纹与植物花卉共生

而是以格栅门的格栅为依据，格栅中的纹样则是由海棠加十字形构成的锦文装饰，六扇格栅的上槛装饰纹样一致，保持了空间上的秩序，在不变中求变化，由于绦环板是镶嵌于裙板与上槛之间的小型长方形板，同时起到分割空间的作用。

锦地纹纯粹而有秩序，尤其是在垂花柱花篮的装饰中常用简洁的几何纹样，采用叠加或套叠的方式，但一般不套花。垂花柱上的锦地纹装饰以圆形拼置居多，拼置的图形与竹编花篮的图案近似，以同质异构的方式实现共生。除此之外，隔扇门、槛窗、支摘窗上也会运用不同形式的锦地纹，但图形较为单一，为了透光、采光，一般线条较细，以实现透和漏，锦地纹也因此显得灵巧精致。与门、窗上玲珑剔透的锦地纹相比，砖雕门楼上的锦地纹略显生硬，但不失秩序。锦地纹在砖雕门楼上的应用，有整体装饰，也有局部装饰，图形变换多姿，构成方法多样。以黎里古镇柳亚子故居的砖雕门楼为例（图 7-22），该门楼由不同大小的块面状的结构构成，锦地纹装饰纹样构成方式也因此而不同，除了匾额之外，几乎每块砖上都雕满了锦地纹。主要由以下几种纹样构成：一是百吉纹穿十字套合宝相花纹，二是簇四万字纹套花拼合，三是锁子纹拼合，四是万字纹、菱格、宝相花、石榴花拼合；五是簇六边形、方格、万字纹拼合柿蒂纹，六是百吉纹套宝相花，七是万字纹斜置拼合，八是百吉纹内套宝相花，九是六边形套宝相花。每一套纹样的组合都紧密结合成完整的一套图案，而且是根据构件的尺寸大小，或是左右延伸两方连续，或是上下左右无限伸展四方连续。传统套合装饰图案不仅考验匠人的创作智慧，同时还考验匠人的审美能力，因为在方寸之间，既要整齐、有秩序、有节奏，还要将多种纹样拼合在一个构件内，这需要制作者深入认识纹样特征并熟练运用装饰谱系，才能做到纹样与门楼的和合，门楼与空间的和谐。从远处看，雕刻锦地纹的砖雕门楼看起来有些复杂，甚至有些迷乱，但近距离观看却是有序的组合，这是由锦地纹几何化的特点决定的，锦地纹之所以被广泛用于建筑构件设计，是因为以线造型，借助工具技术，使得纹样可方可圆，可斜置可平置，可长可短，可简洁可复杂，依据构件的空间大小而定（图 7-23）。因此，锦地纹与中国传统木构建筑体系相互成就、相互依存方得以延续与发展。锦地纹在装饰建筑构件的同时起到美化空间环境的作用，参与居住者审美心理的建构，由于锦地纹有“繁花似锦”之意，故它承载着居住者对美好生活的向往和寄托。

（a）以锦地纹为主要装饰纹样的门楼

（b）锦底纹局部

图 7-22　砖雕中的锦地纹

图 7-23　砖雕垂花柱中的锦地纹

共生是江南运河古镇建筑装饰普遍运用的手法。一是实现建筑装饰与结构、构件、材质融为一体，共生共存，起到渲染空间环境、丰富视觉语言环境、进行环境教育的作用；二是将图像与图像结合，巧妙利用彼此的优势特点，使其合二为一，融合共存，表达双重寓意，从而与空间中的人互动，以此令人感到视觉与心理上的和谐。

第三节 从砖雕门楼图像看崇德向善之美

砖雕门楼是宅第建筑中常见的一种建筑形式，砖雕门楼既不同于大型的宅门，又不同于地面空间的屋门。砖雕门楼立于仪门内部上方，背面贴墙，正面面向宅院，起到门脸的作用。砖雕门楼装饰图像的题材及故事具有叙事及教育的功能，也是家风文化的呈现，虽然不同门楼雕刻图像的主题不同，但共同之处是基本都蕴含着德、善、和、福、美的文化寓意。

一、门楼的礼制功能与文化身份

门楼是中国特有的建筑形式，门楼起源于汉代坊墙上的坊门，坊门上方刻、绘坊名以做标记，宋以后，随着里坊制的瓦解，坊门的原有功能消失，但坊门仍然以脱离坊墙的形式独立存在，成为象征性的门，即为门楼。门楼立于大街、桥梁等显要的位置，在南宋已经出现，明则成为常制。门楼作为主体建筑物前端的陪衬性辅助建筑，营造了庄严、肃穆的气氛，装饰美化着空间环境，还兼具教化功能。从门楼建筑形制发展历史来看，它是一种具有一定标志意义的建筑，常用于对开官、及第、守节等进行旌表。后作为微型建筑立于宅第建筑大门、仪门等上方以彰显社会地位。

门楼的存在说明了自古人们对门的重视。门作为建筑的脸面，有符号象征的功能。门楼因立于宅第建筑中轴线上的仪门等上方，具有礼制建筑的形制特征。仪门，顾名思义是礼仪之门。仪门是宅第建筑

中的第二道门，在建筑中用于人们出入空间，同时也是门面和地位的象征。江南运河古镇宅第建筑中仪门门楼普遍存在，门楼砖雕是仪门门楼的重要组成部分，其立于仪门上方，背面贴墙，正面面向宅院。砖雕门楼建筑结构设计严谨，稳定性强，砖雕精致细腻，雕刻、书法、装饰多重文化语言并存，既起到教化训导作用，又起到装点门面的作用。综合来看，门楼砖雕雕饰方法与母题多样化，但内容总体上绕不开儒家文化精神克己复礼、崇德向善、耕读传家、维和集福的思想观念。

二、门楼砖雕的工艺技术与表现手法

（一）工艺技术

砖雕的制作与画像砖不同，画像砖为模印一体成型，而砖雕是在制作好的砖体上进行雕刻装饰。其步骤如下：一是确定图样。按图样所需尺寸切割砖块，因制作砖体时，大小与比例统一，如果制作大型的砖雕，则需要用多块砖拼接，然后将图样拷贝或画于砖体表面，再用钢针等工具勾勒出轮廓线。二是打坯。打坯是砖雕制作工艺中最为重要的一个步骤，对技术的熟练程度要求极高。打坯是以图样为依据，根据画面打出图形的层次及远、近、高、低、深度等立体感，被打样的线条需要重新勾勒，然后再打坯，反复琢磨，直至整个图样的轮廓定型。三是出细。也就是细雕。细雕属于慢活、细活，不仅需要过硬的雕刻技艺，但需要有足够的耐心及灵活的思维。细雕一般运用雕、刻、挑等手法，把人物的表情，动物的神态，建筑的瓦砾层次，植物叶子的脉络、纹样等形态结构细腻、生动地刻画出来，直到整体协调、完整。四是修补。雕刻过程中出现的缺口、破损等，会使图样不完整，整体效果不好。整体上修补材质缺陷和雕刻破损的缺口，可以表现图形细节，并使砖雕整体协调且美观。五是打磨。打磨为砖雕工艺最后的工序。砖体因经中高温烧成，其密度大，硬度高，耐水性好。起初雕刻的线条，图样会显得生硬，而经过加水打磨后，线条流畅自然，画面整体协调。

（二）表现手法

门楼砖雕以刻刀为工具，在砖体表面雕琢图像，其雕刻手法多样，有浅浮雕、高浮雕、镂雕以及圆雕，形式语言丰富，既拥有绘画中的远近、虚实关系，又有建筑中的层次和空间感。

仔细观察门楼砖雕，因门楼结构不同，图像的设计及雕刻手法也有差别。例如浅浮雕主要用于锦地纹的表达。浅浮雕一般以线显形，其纹饰流畅自然，起到衬托主体的作用，相对同一面积大小的图像，浅浮雕雕刻工序简单，也是雕刻种类中耗时最短的一种。砖雕门楼中的浅浮雕一般以剔地、阳刻呈现，也有减地、阴刻相结合的。浅浮雕以线显形，其纹样呈现自然流畅，虚实相生。

与浅浮雕相比较，高浮雕立体感、纵深感更强，且立体空间层次丰富，图像相对更加突出。高浮雕一般用于园林景观、假山、植被、人物、建筑透视关系的表达。高浮雕雕刻的图像生动，层次关系明确，因此图像更加具体、突出。有时高浮雕与浅浮雕结合使用，使图像精致、细腻，层次丰富。

镂雕雕刻方法可见于花板、垂花门、垂花柱、柱头、翅帽等薄片结构、小体积构件上。镂雕，又称透雕。既可以镂空其主体、背景，也可以将整幅图像镂空，具体根据构件位置与角度而定。镂雕分为单面镂雕或双面镂雕两种。一般情况下，嵌于墙体上的砖无法做成双面雕，只有悬空的构件且居住者均可看到的角度才做双面雕。

圆雕手法在门楼砖雕中一般用于垂花柱头。圆雕是一种三维立体雕刻形态，可以全方位呈现造型形态，几乎每个角度都可以观赏到图像。与单面浮雕不同，圆雕的雕刻要考虑仰视、侧视、正视各个视角，同时还要考虑图像的整体性、立体感。当然，圆雕同时可以与浅浮雕、高浮雕、镂雕结合使用，易于呈现图像的纵深空间和三维立体形态。

但圆雕工艺相对复杂，对雕刻技艺要求较高，且耗时较长。

纵观江南运河古镇宅第建筑中的门楼砖雕，无论什么样的雕刻手法，都要遵循一定的章法，即在图像的表现上以突出中心、层次关系分明为上，构图则以满见长、虚实相间，层次丰富、深远有序，雕刻线形流畅、生动形象、自然协调。

三、砖雕门楼的结构、装饰与视觉叙事空间

（一）结构特征

砖雕门楼的结构设计为对称型，匾额居于中央，砖雕也呈模块化对称性分布。砖雕门楼本身是一幢完整的建筑，以独特的建筑结构与形态伫立于庭院空间中，与居住的环境融为一体，居住者抬头可观，出入可见，它不仅美观，还深深影响到居住者的行为和心理。从功能上看，砖雕门楼既不能遮风避雨，也不能提供居住空间，但从演变过程来看，却是礼制社会下的礼仪象征符号。砖雕门楼高耸于门的横木上方，其屋顶形态多样，一般由正脊、垂脊、脊兽、坡面、斗拱、垂花门、垂花柱、上枋、匾额、左肚兜、右肚兜、下枋构成（图 7-24）。

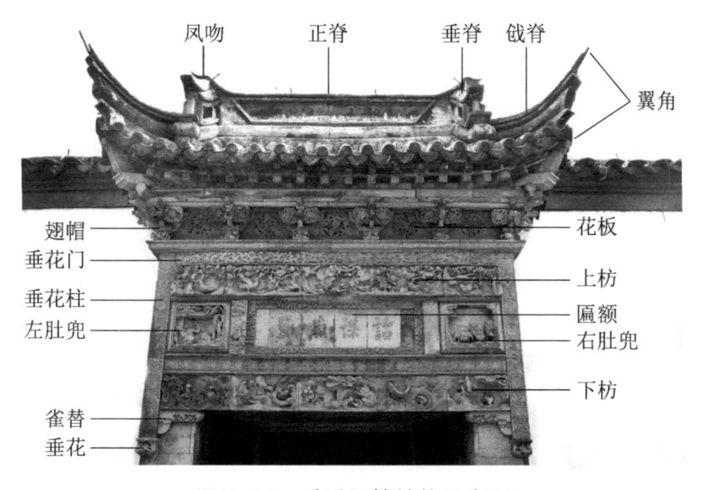

图 7-24　砖雕门楼结构示意图

（二）砖雕门楼的装饰图像类型

图像逻辑学者认为图像的绘制与制作受时代思想观念、图像制作者及对象身份等制约和指引，图像与思想性紧密联系在一起。砖雕图像位于用于出入的宅院门楼上，不但映射出居住者的思想观念，同时也是财富地位的象征。在兴礼仪、重教化的家庭，门楼作为一种精神的载体与空间，雕刻有各种各样有寓意的图像，不但展现家风、家训，同时有训导功能。江南一带文风兴盛，受儒家文化的影响颇深，有重耕读、守礼仪、敬先贤等传统。门楼作为身份的象征，起到门脸的作用，因此，砖雕图像也较为讲究。根据图像的内容特征，砖雕门楼的装饰图像可以细分为五大类（图 7-25），分别是人物故事类、文字类、吉祥纹样类、博古类、四君子及三友图。仔细品味门楼砖雕，其图像涵盖面较广，从图像内容来看，儒释道文化并存，耕读传家精神凸显，格古品味犹存。多元化的图像并存，看似彼此孤立，实则又彼此融合，形成独特的叙事空间。

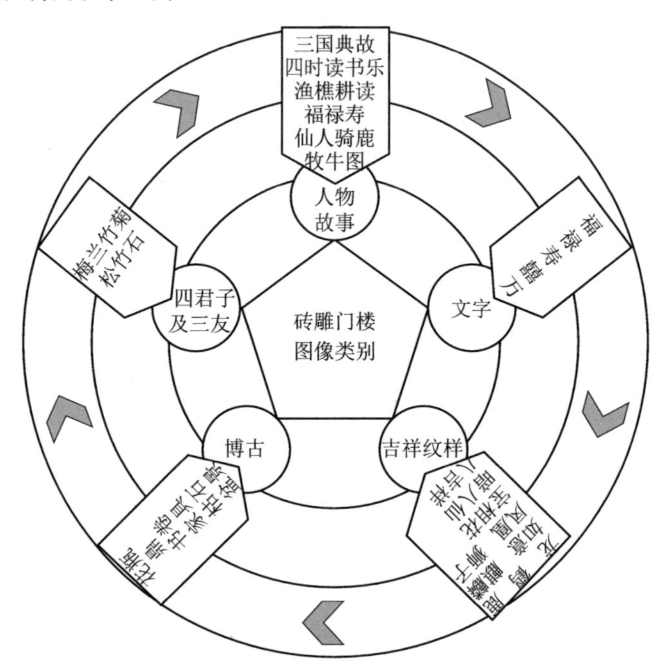

图 7-25　砖雕门楼图像类别

（三）砖雕门楼的叙事空间

空间是建筑的重要构成部分，空间有室内空间和室外空间之分，室内空间是居住者日常活动和居住的内在空间，室外空间则属于开放和共享空间，在尺度与秩序影响下的室外空间，既是环境空间，又是精神空间和社会空间。门楼砖雕属于室外环境空间的一部分，其正面朝向厅堂，站在厅堂中，可以仰视、平视、侧视砖雕门楼，其日常可观，可以为居住者提供精神空间。其中，环境空间主要由门楼的形制、门楼楼面，人物故事、匾额文字、吉祥纹样、博古纹样、四君子及三友图等主题性图像构成；精神空间包括空间构成产生的心理审美趋向，主要包括礼仪、教化、训导、趋利避害、学识水平、文人气息以及个性与品质等；社会空间则是相对于环境空间产生的，如门楼仅为组合式的多单元宅第建筑使用，被视为财富的象征，人物故事涉及三国典故、凤仪亭、四时读书乐、渔樵耕读等，不但暗示了儒家文化的五常，通过四时读书乐、渔樵耕读图像暗示耕读传家的主旨，起到仪礼教化的作用（图 7-26）。

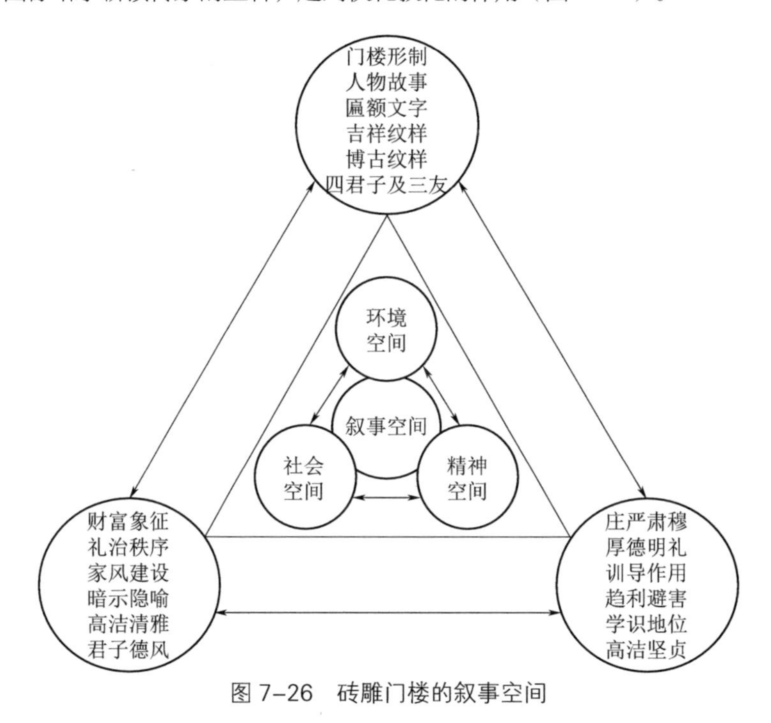

图 7-26　砖雕门楼的叙事空间

四、门楼砖雕视觉空间叙事的文化表征

砖雕门楼主要用于宅第建筑和园林建筑空间中，一般的单体院落建筑极少采用。一是受限于砖雕门楼的制作成本，二是受门楼的形制与功能影响。门楼一般与组合式院落空间相结合。

作为视觉语言的门楼砖雕图像可以传递一个家庭的家训精神和社会地位。门楼砖雕图像以独特的叙事空间传递着礼治社会下克己复礼、修身为本的德化思想，乡土社会下耕读传家、诗礼传家的文教思想，映射出中国传统中崇德为善、维和集福等至善至美的生存智慧。

（一）砖雕门楼的雕刻图像蕴含着德化思想——克己复礼，修身为本

德化旧指统治者或仁人君子以仁义德行来感化教育民众，使孝亲伦常得以普及、光大的道德教化方式，又称德风，即道德风化、感化。孔子曰："兴于诗，立于礼，成于乐。"意思是诗激发人的心志，礼使人立身于社会，乐使人所学得以完成。费孝通先生在《乡土中国》中提到："社会结构格局的差别引起了不同的道德观念。道德观念是在社会生活的人自觉应当遵守社会行为规范的信念。它包括行为规范、行为者的信念和社会的制裁。"[19] 在礼治社会下，行为规范、道德素养来自家庭的约束和社会的监督，而家庭教育尤为重要。德化图像被多维度、全方位地展示于方寸之间，以极具主题性的图像诉说道德观念、行为规范及信念理想。在特定环境空间中产生的砖雕图像，蕴含了文字语言无法直接传达的价值，它们不仅作为空间构成持久地存在于建筑中，同时在时间上具有流动性，潜移默化、反复而持久地对出入环境空间的人们起着作用。如居于门楼中央的匾额文字（表 7-2）。"匾额是中国古代庭院建筑为定位、题名以示区别于其他建筑的构件，是指横向长、竖向短、厚度薄的东西，中国建筑多用

木制成匾，题字悬挂在额枋上，所以称之为‘匾额’或‘匾’。”[20] 江南运河宅第建筑中的匾额有两种形式，一种为悬挂在主体建筑大厅正上方的堂号匾额，如“懿德堂”，一般用木材制成；另一种为嵌于门楼中央的匾额，以青砖为基材，一般刻有与家训相关的四个字。门楼匾额是江南宅第建筑的特色，具有凝聚家庭文化的作用。常见的匾额文字有“竹苞松茂”“芝兰永吉”“耕读传家”“孝友家传”“奎壁凝祥”“最虔介祉”“克尊儒风”“诒谋燕翼”“积厚流光”“玉树壁谐”“世德作求”“乐善家风”“崇德思本”“商贤遗泽”等。匾额文字以简短、凝练的形式传递着家训、家风。匾额是一个家庭对子孙立身处世、持家治业的教诲，对家族成员为人处世的教养有着重要作用。家训多取自典故、诗文等。如“世德作求”，出自《诗经》：“王配于京，世德作求。”指子孙后代的德行与祖先相匹配，换言之，子孙后代要以祖先的高尚道德作为追求而立于后世，同时寄托了家族世代传承、国家安定的美好愿景。再如“积厚流光”，出自《荀子·礼论》：“故有天下者事七世，有一国者事五世，有五乘之地者事三世，有三乘之地持手而食者不得立宗庙，所以别积厚。积厚者流泽广，积薄者流泽狭也。”说明古代依据封地、官衔大小论恩德，通过“积厚流光”暗示子孙要建功立业方能恩德深远，绵绵延长。家训以积极向上的思想提示子孙要克己复礼，修身、齐家、治国、平天下，这也是江南运河市镇文人辈出的原因之一。

表 7–2　砖雕匾额文字类别及出处

砖雕匾额	家训文字	出处	时间
	世德作求	《诗经》：“下武维周，世有哲王。三后在天，王配于京。王配于京，世德作求。永言配命，成王之孚。”	先秦

续表

砖雕匾额	家训文字	出处	时间
	积厚流光	《荀子·礼论》："故有天下者事七世，有一国者事五世，有五乘之地者事三世，有三乘之地者事二世，持手而食者不得立宗庙，所以别积厚。积厚者流泽广，积薄者流泽狭也。"	先秦
	诒谋燕翼	《诗经·大雅·文王有声》："诒厥孙谋，以燕翼子。"	先秦
	崇德思本	庄子《周易·系辞下》："尺蠖之屈，以求信也；龙蛇之蛰，以存身也。精义入神，以致用也；利用安身，以崇德也。"	先秦
	孝友传家	《送零陵贾使君二首》 张栻 孝友传家法，如君好弟兄。 只应推此意，便足慰民情。 间岁仍艰食，新书督勤耕。 想今潇水畔，惟日望双旌。	宋代
	耕读传家	范仲淹："耕读莫懒，起家之本；字纸莫弃，世间之宝。"	宋代
	竹苞松茂	《诗经·小雅·斯干》："如竹苞矣，如松茂矣。"	先秦
	芝兰永吉	《孔子家语·在厄》："且芝兰生于深林，不以无人而不芳，君子修道立德，不谓穷困而改节。"	先秦
	慎修思永	先秦诸子《尚书·虞书·皋陶谟》："慎厥身，修思永。"	先秦
	居仁为善	老子《道德经》"居善地，心善渊，与善仁，言善信，正善治，事善能，动善时。夫唯不争，故无尤。"	先秦
	元亨利贞	《周易·乾·文言》："元者，善之长也。亨者，嘉之会也。利者，义之和也。贞者，事之干也。君子体仁足以长人，嘉会足以合礼，利物足以和义，贞固足以干事。君子行此四德者，故曰乾元亨利贞。"	先秦

续表

砖雕匾额	家训文字	出处	时间
	垂裕后昆	《书·仲虺之诰》："以义制事，以礼制心，垂裕后昆。" 宋王应麟《三字经》："扬名声，显父母，光于前，裕于后。"	先秦，宋代
	诗礼传家	《论语·季氏》："（子）尝独立，鲤趋而过庭。曰：'学诗乎？'对曰：'未也。'对曰：'不学诗，无以言。'鲤，退而学诗。他日，又独立。鲤，趋而过庭。曰：'学礼乎？'对曰：'未也。'对曰：'不学礼，无以立。'鲤，退而学礼。" 元·柯丹丘《荆钗记·会讲》："诗礼传家忝儒裔，先君不幸早倾逝。"	先秦
	有容乃大	《尚书·君陈》："尔无忿疾于顽。无求备于一夫。必有忍，其乃有济。有容，德乃大。"	先秦
	世守西铭	张载《西铭》："乾称父，坤称母。予兹藐焉，乃混然中处……富贵福泽，将厚吾之生也。贫贱忧戚，庸玉汝于成也。存，吾顺事、没，吾宁也。"	宋代
	天锡纯嘏	《诗经·小雅·宾之初筵》："锡尔纯嘏，子孙其湛。"	先秦
	玉树沐芳	《楚辞·九歌·云中君》："浴兰汤兮沐芳，华采衣兮若英。"	先秦

匾额文字较为直接地传达出家训的核心精神，而图像作为视觉语言有衬托家训精神和训导的双重作用。在江南运河门楼砖雕中，较为常见的是人物故事，如舌战群儒、空城计、三顾茅庐、长坂坡之战、三英战吕布等三国典故（图 7-27）。这些典故的应用，告诫子孙应有雄才伟略、忠孝之心。这些故事不但传递了对先贤的敬重，同时也暗示了修身齐家的美德。

(a) 以三国典故为主题的砖雕门楼

(b) 三英战吕布砖雕

图 7-27　砖雕中的三国典故

(二)砖雕折射出乡土社会影响下的文教理念——耕读传家，诗礼传家

"耕读"作为一种价值观念肇始于春秋时期的管仲，他将人民划分为士、农、工、商四个阶层。孔孟进一步强化了耕读分野，孔子认为"耕"是小人的事情，"读"是君子的追求，二者不可兼得。孟子进一步发扬了孔子的这一思想，认为人天生有两种，劳心者和劳力者，劳心者治人，劳力者治于人。由此可见，孔孟认为耕与读是分开的，读为君子的职业，耕为小人的职业。随着宋代经济文化的发展，耕读成为一种普遍存在的现象。耕读文化是基于乡土社会文化背景产生的，耕是生存的基础，也是读的支撑，读书可以宽视野、知历史、懂礼仪，修身养性，是以立高德。江南耕读文化的形成与独特的地理环境、风俗文化有密切的联系，江南运河水网密布，土地面积有限，人们除了在一小块土地上耕种以外，还将生存的希望寄托于读书。

砖雕"渔樵耕读"图像出自震泽师俭堂仪门砖雕门楼横批之上，整幅画由三个部分砖雕拼接而成，以风景图像为背景，构图布局有中国山水画的风蕴，塑造方法多元，融合了高浮雕、透雕、线雕，人物情景穿插其中(图 7-28)。砖雕"渔樵耕读"以图形叙事的形式传达乡土社会耕读传家的美好景象，从四个方面阐释了乡土社会下人们的生存空间与生活方式，捕鱼、砍樵、耕种、读书是生存之根本，也是

（a）渔

（b）耕、樵

（c）牧、读

图 7–28　渔樵耕读图

渔夫、樵夫、农夫和书生四种身份符号的代表。渔樵耕读出自四个代表性人物，严子陵垂钓、朱买臣卖柴、舜耕地、苏秦苦读，后人将四者合一进而图像化，作勉励之用。渔樵耕读还蕴含两层意义：第一，勉励子孙勤于动手，埋头苦读。以实现翰林、学士之理想与家业兴旺的愿景。第二，代表仕途不顺或退隐的官宦不问世事的生活态度。

“四时读书乐”为一幅左右连续展开的长轴画作，以春、夏、秋、冬为时间顺序，以群体人物形象为主题，以园林景观为背景，呈现不同季节读书的意境，人物表情闲适、自然，沉浸其中。如果将“四时读书乐”图像与宋末元初翁森的诗文《四时读书乐》进行对照与比较，读书之意境会更加清晰。从载体上看，“四时读书乐”是四首歌咏读书情趣的诗文，是劝学诗，但全文以静态的情景交融的语言呈现读书的动态图像。作为门楼砖雕装饰的“四时读书乐”，雕刻于匾额上方的门槛上，形象而生动地传达了读书为立身处世之本，也是诗礼传家的根本路径。

四时读书乐

翁森

春

山光拂槛水绕廊，舞雩归咏春风香。

好鸟枝头亦朋友，落花水面皆文章。

蹉跎莫遣韶光老，人生唯有读书好。

读书之乐乐何如？绿满窗前草不除。

夏

修竹压檐桑四围，小斋幽敞明朱晖。

昼长吟罢蝉鸣树，夜深烬落萤入帏。

北窗高卧羲皇侣，只因素稔读书趣。

读书之乐乐无穷，瑶琴一曲来薰风。

秋

昨夜前庭叶有声，篱豆花开蟋蟀鸣。

不觉商意满林薄，萧然万籁涵虚清。

近床赖有短檠在，对此读书功更倍。

读书之乐乐陶陶，起弄明月霜天高。

冬

木落水尽千崖枯，迥然吾亦见真吾。

坐对韦编灯动壁，高歌夜半雪压庐。

地炉茶鼎烹活火，四壁图书中有我。

读书之乐何处寻？数点梅花天地心。

（三）砖雕门楼映射出居住者至善至美的生存智慧——崇德为善，维和集福

费孝通先生在《乡土中国》中提到：“所谓礼治就是对传统规则

的服膺。生活各方面，都有着一定的规则。行为者对于这些规则从小就熟习，不问理由而认为是当然的。长期的教育已把外在的规则化成了内在的习惯。维持礼俗的力量不在身外的权力，而是在身心的良心。”[21] 这也是江南运河古镇居民性格和善、民风淳厚的写照。

积德行善是礼制社会下普遍存在的行为规范。《说文》：“善，吉也。从誩，从羊。此与义美同意。”[22] 善，从利他性上引申为友好、擅长、赞许、容易等义，也有善良、友善之意，常常与德结合，有“积德行善”“居仁为善”等。吴江市震泽古镇懋德堂砖雕门楼匾额为“居仁为善”，居仁是要有仁爱之心，“居仁由义”一词出自《孟子·尽心上》。善的语义较为多元，春秋时期老子《道德经》：“居善地，心善渊，与善仁，言善信，正善治，事善能，动善时。夫唯不争，故无尤。”[23] 既明确了要善于选择合适的居住空间，又蕴含着人要善良、讲信用、力所能及地与他人和平相处的道理。虽然“居仁为善”匾额呈现的是家庭处世观念，但也起到教化训导子孙后代的作用。

福字也是门楼砖雕上常见的字，且应用面较广。过新年贴福字，寓意新的一年福气连连，寄托着人们对美好生活的向往；在江南一带，过生日在糕点上印上福字，寓意身体健康、福寿双全；建房子会在瓦当、青砖上刻福字，寓意家业兴旺、福运连绵。福既是对身体健康、生活富裕的期许，也是德、和、善的积累与延伸。西塘古镇宅第种福堂，以福字为堂号，别出心裁，家训以福为主题展开，可见砖雕门楼匾额“维和集福”，意思是保持与人和睦相处的生活态度，以集其福。福字有时也单独使用，被刻于匾额边框或建筑木雕门窗。同时，福与蝠谐音，用一只蝙蝠口衔铜钱暗示福在眼前，两只蝙蝠与一个囍字结合寓意福喜同在，五只蝙蝠与一个寿字结合寓意五福捧寿，福字单独与寿字结合寓意福寿双全。福不但是文字，也是吉祥符号，蕴含着希望家业兴旺、生意兴隆、生活顺心等美好愿望，映射出乡土社会中趋利避害的心理审美。

第四节 从建筑空间看秩序之美

一、传统文化中的伦理秩序

从字面意思理解，秩序表示规矩、整齐，有条不紊。《广雅》载：“秩，次也。”《释言》载：“秩，序也。”可见，秩有次序、秩序的意思。陆机《文赋》：“谬玄黄之袟叙，故淟涊而不鲜。”袟叙为“秩序”之意，《辞海》中秩序的释义为：“1. 犹言次序；2. 指人或事物所在的位置，含有整齐规则之意。”[24]秩序不但存在于自然界，存在于时间与空间中，同时还存在于人的思维中。中国传统哲学思想就包含对秩序感的思考，如老子《道德经》：“人法地，地法天，天法道，道法自然。”可以概括为人类的行为应该与他们所处的环境和所面对的现实相一致，也就是遵守事物的运行规律与秩序，强调顺应自然、与天地合一的重要性。《孟子》中提出：“人之有道也，饱食、暖衣、逸居而无教，则近于禽兽。圣人有忧之，使契为司徒，教以人伦——父子有亲，君臣有义，夫妇有别，长幼有序，朋友有信。”不但强调了教育对人的重要性，还包含伦理秩序价值观，也有道德秩序的意指。而“长幼有序”是指在日常生活和社会交往中，按照年龄辈分的顺序，遵循长者优先的原则。[25]《荀子·君子篇》：“故尚贤使能，则主尊下安；贵贱有等，则令行而不流；亲疏有分，则施行而不悖；长幼有序，则事业捷成而有所休。”其中长幼有序意思是依从年龄大小，恪守本分，礼让和谐而井然有序。其中的“秩序”，泛指有条理、不混乱的状态。儒家思想倡导伦理秩序，所谓“伦理”，是指人与人相处的各种道德

规范。需要建立伦理秩序、道德秩序以维持社会的安定和持续发展。所谓“伦理秩序”，是指按照伦理道德规范调节人际关系，使之“有条理”而和谐有序。因此，所谓儒家“伦理”“道德”秩序，强调基于血缘亲情关系的尊卑有序的社会规范准则，构建公序良俗。所谓公序，即社会一般利益，包括国家利益、社会经济秩序和社会公共利益；所谓良俗，即一般道德观念或良好道德风尚。事实上，儒家文化中所倡导的道德准则“仁、义、礼、智、信”正是维护公序良俗的根本。

二、建筑空间中的伦理秩序

秩序既存在于自然生态环境中，也存在于社会环境中，秩序无处不在。建筑的构筑过程也是建立秩序感的过程——除了尊重自然环境、材料特性外，将长幼有序，仁、义、礼、智、信等伦理、道德秩序与建筑空间相融合形成伦理空间秩序，将点、线、面、色彩等形式语言与空间融合形成形式秩序，将梁、柱、枋、椽、牛腿、雀替等结合构成稳定的支撑结构秩序等。因此，秩序感代表着建筑通过整合空间元素，创造出符合逻辑、清晰、有序的结构，使人体验到自然舒适、稳定平衡。

老子《道德经》：“凿户牖以为室，当其无，有室之用。故有之以为利，无之以为用。”其中的“有”是指存在的物质，“无”是指由存在的物质构成的空间。“有”与“无”，是相互依存的关系，“有”为“无”提供保障，“无”则实现其使用价值。另外，“无”也有无名、虚无、隐微之意，而“有”则和“无”对立，是存在、显现。虽然二者对立，但却统一于一体中，是不可割裂的两种形态。因此，建筑空间有显性空间和隐性空间之分，显性空间是建筑外在的空间，包括墙体、屋面、庭院、门窗，隐性空间是被墙体、屋面、门窗包围的物质空间。伦理秩序既存在于显性空间中，也存在于隐性空间中。

（一）建筑布局中的伦理秩序

不管是宫廷建筑还是民居建筑，中轴对称是建筑群布局的常见特征。中轴对称不但使组合建筑群在空间上整体有序，在视觉上也趋于稳定和平衡。如果从一个单元的建筑群来看也存在中轴对称的布局，例如建筑的开间一般为三、五，而位于中间的开间一般作为厅堂，两边则为卧室。从庭院空间来看，单院落的设计也讲究对称，但与北方的四合院建筑构成样式亦有不同。江南运河古镇单院落建筑的面积及地势环境决定了东西厢房的形态。为了使室内有足够的采光，正屋的结构与开间决定了庭院空间的大小，于是半坡式厢房建筑应运而生，并且基本保持两边造型一致，呈对称分布，大门则与正屋的厅门统一分布在中轴线上，这样的建筑布局形成了“凹”字形空间。中轴对称不只存在于单院落建筑空间布局，在宅第建筑、义庄中也较常见。以多进式宅第建筑为例，江南运河宅第建筑一般为多院落、多群落的组合，建筑群落随着家族人口壮大而扩充，从俯视的角度来看，建筑群落并不是绝对的中轴对称，但在同一轴线上的单元建筑的厅门都保持着统一，同时建筑的开间与跨度基本一致。

多进式建筑群空间功能的安排也有自己的秩序。例如厅堂建筑用于接待宾客、举行重大庆典，以及用于家庭聚会、议事、宴会等，一般位于中间，高度和阔度也是最高规格的，并且与仪门相对，这也是多进式建筑群的中心位置，而书房、闺房、厨房等次要建筑空间相对较小。这样的空间设计与居住安排在一定程度上是受到伦理秩序影响的。

（二）建筑功能中的伦理秩序

伦理秩序既可以维护社会稳定、和谐发展，又可以稳定家庭关系。长幼有序是中国家庭教育思想的核心，也是稳定家庭秩序的基础，是约束言行、举止的准绳。它既体现于显性空间中，也体现于隐性空间中。长幼有序的观念于建筑空间中体现在居住次序的安排上——依从年龄

大小，恪守本分，礼让和谐而井然有序。第一，依单元建筑在整个建筑群中的空间与位置安排长、幼的居住顺序；第二，由单元建筑的功能决定居住者；第三，在儒家思想文化影响下安排长幼次序。在整个建筑群中，厅堂建筑与书房、厨房、居住建筑等的规格和结构不尽相同。厅、堂原本有别，从建造工艺技术上看，木梁架用扁方木料（扁作）的称为“厅”，用圆木料（圆作）的称为“堂”。 随着建筑营造技术的发展，厅和堂的梁架既有扁作也有圆作，故统称为“厅堂”。厅堂建筑的进深较其他建筑跨度大，且屋面较为恢宏，讲究的还将建筑基座抬高，厅堂是宅第建筑群中体量最大的建筑物，也是传统宅第建筑群的主体建筑。作为住宅群中的主体建筑，厅堂建筑不但在建筑形制上宏伟精丽，而且工艺技术讲究，装饰内容丰富，从建筑外部空间到内部空间、从门楼设计到建筑门窗装饰都蕴含着伦理与道德秩序。厅堂的室内空间设计与布置也遵循伦理秩序，在客厅的布置上，以中堂为背景，中堂一般由卷轴绘画与楹联组成，并在正上方悬挂匾额，一般凝结为三字的堂号，堂号一般取自典故或古典诗文，以示和美、和善、德兴、礼仪，也体现着家庭秩序观。例如张石铭故居厅堂悬挂的“懿德堂”，“懿”这个字在古文中多作赞美女子德行美好之用，“懿德”二字便体现了家族对张石铭母亲的敬重。因为张石铭父亲早逝，便由其母掌管家庭事务，使得张家在江南拥有百余处产业，财富积累雄厚，故而得到了家族的一致尊重。“尊德堂”匾额是光绪状元、实业家张謇所题。中堂画是著名书画家吴昌硕为张宝善大寿作的画，画上高耸的石头象征南山，硕果累累。八仙桌在厅堂中轴线上，两边放置相对高大、方正的椅子，这是长辈的位置。沿着厅堂中轴线，分布在两侧的是接待家庭其他成员或宾客的桌椅，其形制相对简单，体量也相对较小，桌子一般为方形或矩形茶几。这样的空间布局体现了长幼有序、主宾有别。厅堂空间中的长幼秩序较为直观，通过这样的格局和布置凸显一家之长的地位与威严。

（三）建筑装饰中的伦理秩序

中国传统建筑不单单是保障居住者人身安全的庇护所，还蕴含了天地人和的宇宙观。如果说建筑空间的秩序能够直观地传达长幼有序、德善和美的观念，那么建筑门窗中的结构与纹饰在承载功能的基础上，还蕴含着儒家文化仁、义、礼、智、信的道德秩序。从图像学的角度看，图形更能直观传达其意，更容易被观者接受，因此，除了极少数运用文字者外，基本以形象生动的纹样传达秩序，在纹样的运用位置和设计上呈现出主次有序的关系。

三、建筑构成中的形式秩序

（一）建筑结构中的形式秩序

江南运河古镇建筑结构有着系统的营造方法，大到建筑结构，小到一块砖都是经过精心规划，运用合适的材料以及巧妙的方法构筑而成。可以说建筑是由点、线、面造型元素有秩序地构成。这一秩序在建筑中清晰地呈现出来，点可以理解为砌筑墙壁的砖块、构筑驳岸的石块，它们按照造型叠加后构成整齐的线、面。线的形式较为普遍，建筑内外皆有，内部的线形是由梁、柱、枋、檩、椽等构成的木结构框架，虽然曲直不一、粗细不同，但其构成框架有力、排列有序，尤其是椽子的结构构成整齐划一、粗细均匀、颜色统一、间距一致，很有秩序与韵律。与内部木结构的立体线性相比较，建筑外部结构的线形主要体现在屋面上，铺设在望板上的瓦片，以一仰一扣形成粗细统一、虚实有序的纵线，虽密集排列，但井然有序（图 7-29）。若仔细看，间隔有序的合瓦横向排列，构成一层层波线，重复统一，有规律地变化而充满节奏感。同样是瓦片，运用于屋脊上时则以竖立形式拼接出短斜线，与屋面瓦片构成的直线和波线形成呼应。由瓦片组成的线构成的屋面视觉语言也较为丰富，尤其是下雨的时候，雨水汇聚在仰瓦

构成的凹槽中，又形成流动的线条。

图 7-29　仰瓦与合瓦构成的屋面

在建筑中还存在隐形的线，隐形的线同样存在于建筑的内外。从内部空间看，有建筑群的中轴线，由庭院空间构成的回形线，内部梁柱体系构成的十字线、放射线等，梁柱构架中的柱的垂线，梁、枋的水平线，月梁的弧线，撑拱的弧线等；从外部空间看，有由建筑与建筑群落衔接而构成的十字线、网状线，建筑的外轮廓线中有垂直于地面的竖线、平行于地面的水平线，人字形山墙的中的斜线，屋脊的水平线，屋面的弧线、波线等，门窗的折线、弧线、曲线等。从立体形态来看，建筑是由不同形状的面构成的，面也是存在于建筑的内外，内部空间中的面主要体现在建筑中的墙、门、窗上等，有矩形、圆形、六边形、三角形；外部空间中的面主要有长方形、三角形、梯形等。

（二）铺地中的形式秩序

《园冶》载："大凡砌地铺街，小异花园住宅。唯厅堂广厦中铺，一概磨砖，如路径盘蹊，长砌多般乱石，中庭或益叠胜，近阶亦可回文。八角嵌方，选鹅子石铺成蜀锦；层楼出步，就花梢琢拟秦台。锦线瓦条，台全石板，吟花席地，醉月铺毯。废瓦片也有行时，当湖石削铺，波纹汹涌；破方砖可留大用，绕梅花磨断，冰裂纷纭。路径寻常，皆除脱俗莲花衬底，步出个中来；翠石林深，春从何处是。花环窄路偏宜石，堂迥空庭需用砖。各式方圆，随宜铺砌，磨归瓦作，杂用钩儿。”[26] 意思是大凡砌地铺街，与花园住宅略有不同。只有厅堂大厦当中铺地一律磨砖；如小径弯路，可砌多种乱石。庭中或铺成叠胜，近台阶也可用白回纹。在砌成的八角嵌方形图案中，填充鹅卵石、块石，宛同蜀锦。层楼前雕琢出步，就花梢看去，仿佛秦台。线条以瓦片砌成，台面以石板铺平。花木中间的窄路铺石；厅堂周围的空庭应当墁砖，方圆的式样各不相同，铺砌时应加以选择；磨砖虽有瓦匠，杂活还需小工。在不同空间中，铺地的工艺、方法、材料的选择是不同的，同时也道出了铺地样式选择与周围空间环境的关系。铺地不是简单地铺设平整，也不是随意选用纹样，而是根据空间、位置、形态、功能而定，虽然也用乱石铺地，但是乱中有序，求坚固、意境、意韵为上。

铺地是江南运河古镇建筑的重要构成部分，有室内铺地和室外铺地之别。室内铺地讲究整洁，运用青灰色的砖构成，一般以水平铺为主，也有斜铺的，结构严密，缝隙较小，在四边镶嵌上边饰，形成对比，但不失整洁与统一。与室内铺地的单一化不同，室外铺地在材料和铺设方法上多种多样，尤其在庭院铺地和园林铺地方面极为讲究。在一定程度上，铺地的构成骨架为点、线、面。以庭院铺地为例，一般采用石、砖铺设地面，并遵循对称原则，石块与石块、砖块与砖块之间拼接的线条几乎保持一致，从现存铺地的结构特征来看，在铺地过程中，注重线与面的结合，面的形态由庭院的造型决定，线则为透迤于四周的边线，其次是铺设中的拼接线。铺地的构筑虽然没有门窗的构筑那么精致，但也有几分讲究，一般会在铺地的中心位置镶嵌一块雕刻精美、寓意美好的石雕，或用砖、瓦砾拼出造型，尤其在园林铺地中常见，如瓶（平）升三戟（级）、五福捧寿、福在眼前等，这些图案因材料特点而采用不同的铺设方法，但总体上能够从铺地中脱颖而出，成为视觉中心。另外，最为常见的是砖、瓦铺地，铺设方法有人字式、席

纹式、间方式、斗纹式、六方式、攒六方式、套六边式、八方间六边式、八方式、长八方式、海棠式、四方间十字格式、香草边饰、毬纹式、水波式等，这些铺地都自成一系，建构方法多样化，或拼接，或套叠，或透叠，或攒边，同时，基础图形样式也丰富多彩，有海棠形［图 7-30（a）］、梅花形［图 7-30（b）］、芭蕉扇［图 7-30（c）］、水波形、冰片、鳞纹等生态元素，也有龟背形、席纹、斗纹、八边、三角等几何纹样。为了追求铺地的秩序与整体效果，各种图形既可以单独重复组合，构成的画面整齐划一，纯粹而自然；也可以两两结合，运用套叠、透叠、攒边的形式构成间隔变化的复杂图形，当然还可以改变形态的长短、扁圆，构成别样的图形。不管什么样的图形，总能在造型方法上突破而构成新的样式，并且在骨骼框架上保持统一，在图

（a）海棠花铺地

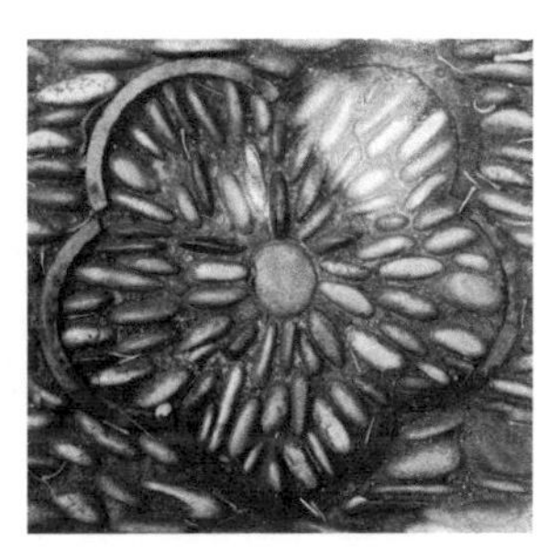

（b）梅花铺地

（c）芭蕉扇铺地

图 7-30　铺地

形组合上产生变化，可以说是在不变中求万变，而又遵从“万变不离其宗”这一原理。即便是园林铺地中的乱石铺也是有规律可循的。乱中求序是乱石铺地的基本特征，因此坚固耐用而不失美观。“园林砌路，堆小乱石砌如榴子者，坚固而雅致，曲折高卑，从山摄壑，惟斯如一。有鹅子石间花纹砌路，尚且不坚易俗。”[27] 意思是在庭院内铺路，只有用小乱石砌成榴子形的，比较坚固雅致。步道的曲折高低，从山上引到谷口，都用这个法子。有人用鹅卵石间隔砌成花纹，反而不坚实，又庸俗。可见乱石铺地不同地方采取什么样的形式是有讲究的。

第五节 从比例与尺度看协调之美

礼治社会受等级制度的制约，统治者为了维持社会道德秩序和完善的建筑体系，往往制定出一套典章制度或法律条款，建筑也不例外，“古代按照建筑所有者的社会地位规定建筑的规模和形制。这种制度至迟在周代已经出现，直至清末，延续了2000余年……据先秦史料，周代王侯都城的大小、高度都有等级差别；堂的高度和面积，门的重数，宗庙的室数都逐级递降。只有天子、诸侯宫室的外门可建成城门状，天子宫室门外建一对阙，诸侯宫室门内可建一单阙；天子宫室的影壁建在门外，诸侯宫室的影壁建在门内；大夫、士只能用帘帷，不能建影壁。天子的宫室、宗庙可建重檐庑殿顶，柱用红色，斗、瓜柱上加彩画；诸侯、大夫、士只能建两坡屋顶，柱子分别涂黑、青、黄色。椽子加工精度也有等级差别。”[28] 明确了不同功能的建筑，大小、高度、面积等存在差异。在等级制度的影响下，建筑的尺度因地位而不同，甚至连彩画都有等级之分。

比例与尺度是建筑设计中要考虑的主要方面，因为只有确定合理的尺度才能构筑恰当的建筑空间。在学术语义上，比例和尺度是两个非常相近的概念，它们都用于表示物体的尺寸和形状。比例泛指一个物体与另一个物体之间的比率，通常指一个整体中各个部分的数量占总体数量的比重，用于反映总体的构成或者结构。尺度则是指建筑的尺寸，如建筑长、宽、高的度量，因此尺度是构成建筑空间大小的基础。比例与尺度的设定都有严格的计算和考量标准，最终目标是实现协调。

为了实现比例上的秩序与和谐，唐宋以来，中国古代建筑实行材分制度。材分是中国古代房屋设计使用的一种模数单位，宋《营造法式》中写作“材分”，“分”读如“fèn”。规定1材=15分；又有两种辅助单位：“栔”和“足材”，1栔=2/5材=6分，1足材=1材+1栔=21分。房屋的长、宽、高和各种构件的截面，以至外形轮廓、艺术加工等，都用“分数定出标准”，“这就是材分制度”。[29]事实上，材分的制定目的求的是建筑的长、宽、高比例的平衡，以及结构与外观的和谐。

除此之外，宋代营缮制度限制严格。除庑山顶外，歇山顶也为宫殿、寺庙专用，官民住宅只能用悬山顶；木构架类型中，殿堂构架限用于宫殿、祠庙；衙署、官民住宅只能用厅堂构架。虽然材分制度在明代基本废弃，但在建筑营造中仍有迹可寻，并且明代建筑制度在宅第的规模、形制、装饰特点等方面做了详细而明确的规定，并颁布禁令。“公、侯至亲王正堂为七至十一间（后改为七间）、五品官以上的为五至七间，六品官以下至平民的为三间，进深也有限制。宫殿可用黄琉璃瓦，秦王府许用绿琉璃瓦。对油彩画和屋顶瓦兽也有等级规定。地方官署建筑也有等级差别，违者勒令改建。”[30]清代大致沿袭了明代的建筑制度，亲王五间，殿七间；郡王至镇国公府第都是门三间、堂五间，但在门和堂的重数上有差别。

建筑尺度空间在满足实用要求的前提下成为身份、地位的象征。现存的江南运河古镇民居建筑大多构筑于清代中后期，从建筑的形制来看，主要为普通的小厅堂建筑、商铺建筑、作坊建筑、宅第建筑、园林建筑。以江南运河古镇宅第建筑为例，尽管建筑群包含多数进落，但分布于中轴线上的厅、堂、楼建筑均为三开间，而建筑的布局、结构特点恰巧符合《营造法式》中材分上的第六等大厅堂或小厅堂建筑的特点，从建筑开间和营造特点上看与明代建筑制度“六品官以下至平民的为三间”相符合，但有别于清代建筑制度中郡王至镇国公府第门三间、堂五间。由此可见建筑制度具有传承性，又有时代性，但在

尺度上不能僭越是中国古代社会建筑制度的基本规则。

除了限定尺度空间之外，数在建筑中的应用是无处不在的，建筑的长宽比、高低比、纵深空间与横展空间，建筑开间多少、进深大小、柱子高低、梁架长短等在设计上都存在数的差别。在建筑中，坡面的跨度与建筑的高度往往遵照合适的比例，甚至从立基就要算起，如《营造法式》“壕寨制度”中对建筑地基的设计做了原则性的规定：“其高与材五倍。如东西广者，又加五分至十分。若殿堂中庭修广者，量其位置，随宜加高。所加虽高，不过与材六倍。”[31] 可以看出把地基的高度与建筑所用的“材、份”联系在一起，由此使地基的高度始终与建筑的规模相适应，既不会因地基过高而造成不必要的浪费，也不会因地基过低而使建筑立面比例失衡。

“筑墙之制每墙厚三尺，则高九尺；其上斜收，比厚减半。若高增三尺，则厚加一尺，减亦如之。”[32] 墙的厚度随墙的高度、形态变化而改变，求的是合适的比例。

“凡栱之广厚并如材。栱头上留六分，下杀九分；其九分均分为四大分；又从栱头顺身量为四瓣。”[33] 详细地说明了华栱的断面高、宽比例。栱头边上留六分，下杀九分；其九分再匀分为四等分。栱底边是从栱头外顺身往里量为四瓣，每瓣四分。栱为中国传统建筑中的重要构件，栱的尺寸与厚度不但与建筑的规模、广度、深度有关，同时与屋宇形态、跨度有直接的关系。

“凡梁之大小，各随其广分为三分，以二分为厚。”[34] 意思是无论何种建筑中的梁，其截面的高宽比都应为 3 ∶ 2，而这个比例刚好构成矩形，其中也有材料力学的考虑。

“凡立柱之制：若殿阁，即径两材两栔至三材；若厅堂柱即径两材一栔，余屋即一材一栔至两材。若厅堂等屋内柱，皆随举势定其短长，以下檐柱为则。”[35] 意思是如果建造殿阁建筑，柱的直径则为四十二分至四十五分，如建造厅堂建筑，柱的直径则为三十六分，其他建筑中柱的直径则为二十一分至三十分。如果是厅堂建筑等屋内柱，均按建筑的进深与屋面的坡度而定柱长及柱径尺寸，以下檐柱尺度为依据。可见，建不同的房子，对柱的直径有严格的规定，不但有材料力学的考虑，同时也考虑了建筑秩序的变化。

“造板门之制：高七尺至二丈四尺，广与高方。谓门高一丈，则每扇之广不得过五尺之类。如减广者，不得过五分之一。谓门扇合广五尺，如减不得过四尺之类。其名件广厚，皆取门每尺之高，积而为法。独扇用者，高不过七尺，余准此法。”[36] 意思是板门的高度为七尺至二丈四尺，宽与高相同，呈正方形或方形，因为板门的高度范围为七至二十四尺，高宽比为 1∶1 或 1∶0.8，如果门高一丈，则每扇门宽不得超过五尺，如果门的宽度减少，但不能超过 1/5，因此，门扇宽五尺，如果要减宽度，不得减到四尺之内，即不小于四尺。用独扇门时，高度不超过七尺。严格的尺度制度下的板门呈长方形，长宽比例关系协调。

“造版棂窗之制：高二尺至六尺。如间广一丈，用二十一棂。若广增一尺，即更加二棂。其棂相去空一寸，广二寸，厚七分。并为定法。其余名件长及广厚，皆以窗每尺之高，其积而为法。”[37] 制作版棂窗的法则，高两尺至六尺。如果间宽一丈，则用二十一根棂。如若增宽一尺，应增加两根棂。棂与棂之间空余一寸，棂宽两寸，厚七分。以此为依据，其余构件的长、宽、厚均以每尺窗的高度为参考。

《营造法式》中的模数制度是营造合理建筑结构的基础，而在合理的建筑结构构成中，尺度不但能保证建筑稳定，还是保证建筑结构、空间比例协调的必不可少的参数。《营造法式》从宏观、中观、微观上对建筑比例、结构比例、门窗比例等做了规定，也为建造房屋提供了依据和参考。《营造法式》虽记录的是宋代建筑制度，因明清营造制度继承了宋代的营造理念，因此在江南运河古镇宅第、寺庙、义庄建筑尺度与比例上仍然依循模数制度，模数之制不但使局部造型有合

适的比例关系，同时也使整体与局部和谐相处。

由于追求比例上的协调，在模数制度影响下，无论是建筑形态、开间分割形态，还是门窗形态几乎都离不开矩形。矩形是四个内角都是直角的四边形，其对边相等，相邻的边互相垂直，这些特性使其应用于建筑空间时，便于空间分割和室内布置，建筑的面阔、开间、墙壁、砌墙的砖石、门窗，庭院、天井多以矩形为主。建筑门楼的体块分割、中间的匾额也为矩形。甚至窗棂格形状，龟背纹的外框，建筑室内的屏壁，中堂上方悬挂的匾额，家具中的床、几、榻、衣柜、书柜等均为矩形。这些均属于显性的矩形，还有隐性的，如厅堂中立柱构成的矩形空间。由于矩形具有视觉上的延展感和比例上的舒适性，将矩形用于庭院、天井等可使其造型与建筑形态保持统一，尤其是矩形天井与建筑结构与空间相适应，易于采光，与地面空间形成虚实对比、有无相生的境界。家具中的矩形既方便有效利用空间，又方便使用、陈设物品等。

江南运河古镇建筑的布局也以矩形为主。矩形建筑可以最大化地使用空间，因为矩形均为直线构成，矩形构成的直角也有利于矩形家具摆放，即便摆放了很多家具，也能保持空间的秩序与视觉的整洁。家具设计中的矩形，一般以规矩的 90 度直角构成，嵌合于墙体构成的直角，面则与墙面平行，在空间内的透视关系是相同的，视觉上呈现稳定、平衡、秩序。如果把建筑看作一个大的矩形，那么分割后的房间为中型的矩形，家具则为小型的矩形，这些形态虽有大小的区别，但在尺度、比例上保持协调，在满足建筑功能需要的前提下有着形态上的统一。

江南宅第建筑为穿堂式，厅堂由四个内柱构成矩形；正对出入厅堂的门，在与屋廊内柱保持水平的直线上构造木制厅壁，厅壁上接顶棚，下连地面，呈矩形；厅壁上挂上卷轴矩形中堂画或书法作品，在中堂正上方挂一刻有堂号的矩形金字牌匾，正前方的两个内柱上挂有雕刻精美的楹联，这一布局恰巧不超越四个内柱，形成立体的矩形，产生空间上的呼应。在中堂之前会布置条几，条几前置八仙桌，八仙桌的大小与条几中间的空余恰好相当；桌两旁为庄重且雕刻精美的椅子，以八仙桌为中线，在前后内柱之间置茶几及座椅。这样的布局稳定，中轴对称，尺度设计上主次有序，功能上主客分明，既有实体形态，又有留白，虚实相间（图 7-31）。

图 7-31　厅堂格局

除此之外，矩形还蕴藏在建筑窗花的设计中。江南建筑的窗花丰富，图案复杂中不失秩序，而这一秩序美学是通过合理的尺度设计展现的，前提是这些窗子几乎都以矩形为主，在矩形框架形态下即便将窗子分割为多个部分，分割后的形态也为矩形，在矩形内设计窗棂格，不管怎样组合，其外形均可以构成矩形。以宅第建筑中的槛窗为例，槛窗一般安装于槛墙或木制槛窗上，槛窗少有两扇，多由四扇、六扇组合而成，因此，槛窗的造型均为矩形，由上横陂、下横陂和窗组成，其中窗占据大部分的面积，呈长方形，在此基础上进行夔龙纹、菱格纹、方胜纹等的有机组合，并在窗心留白，而留白的形态也大多以矩形为主，并与菱格嵌成一体，也偶有圆形窗心，或方中带圆的，不管用圆形还是矩形，在整体上会保持统一的形态，这样内部统一，内外协调，增加了窗的整体美学意味。

第六节 从材料、色彩设计看自然朴素之美

一、简洁、明了

江南运河古镇聚落建筑中难得看见错彩镂金的装饰风格，但并不代表江南运河古镇聚落建筑不注重仪式与装饰，古镇聚落是在尊重自然材料的基础上运用雕刻艺术手法表达纹样（图 7-32）。木雕以细腻与丰富的层次来达到视觉效果；砖雕以高、深、远、透、漏呈现庄重感，起到教化、训导作用；石雕则以粗犷的线条和造型表现简洁的浮雕纹样。这些纹样有几分相似之处，无外乎采用浮雕、圆雕、透雕三种手法，不管雕刻的纹样风格如何，总归是在尊重自然材料性能、实用价值的前提下完成的，因此再复杂的纹样，也显得朴实无华。这种单色装饰风格与中国绘画中的单色不同，绘画艺术有图、底之分，

（a）木雕垂花柱

（b）木制的门

（c）砖雕门楼

图 7-32 不同材质的装饰风格

如白底黑图、白底蓝图，因为有颜色衬托才图、底分明，图形突出、明晰。而建筑中的单色装饰是指纹样和底是一种颜色，可谓图、底一样，所以在同一颜色上表达纹样，想突出纹样，只能靠雕刻的深浅、粗细，同时还受面积大小，图形大小的影响，一旦表达不准确就会图、底不分，而工匠技艺高超，总能使雕刻纹样生动形象，突出中心思想。这些图像在不影响材质美感的前提下，往往以最为简洁的形象体现出质朴的纹样之美。

二、宁静、平和

江南人性格温和，话语软糯、柔和，就连江浙两省的地方剧种昆曲与越剧的唱腔里都透露出一种流水般的阴柔之美。昆曲的唱腔之所以被称为水磨腔，是因为低回婉转、悦耳动听。昆曲产生于明中期，由顾坚、魏良辅等艺人对四大声腔（海盐、余姚、弋阳、昆山）之一昆山腔做了改革。四大声腔中昆山腔的影响更大，水磨调就起源于元朝末年的昆山地区，至今已有六百多年的历史。昆山腔的演唱本来是以苏州的吴语语音为载体的，在传入各地之后，便与各地的方言和民间音乐相结合，衍变出众多的流派，形成了丰富多彩的昆曲腔系。越剧发源于钱塘江南岸的浙江嵊州，发祥于上海，在发展过程中集昆曲、话剧、绍剧等特色剧种之大成，长于抒情，以唱为主，声音优美动听，表演真切动人，唯美典雅，极具江南灵秀之气。如果去听昆曲或越剧，总能感受到柔美的声音，这种声音让人沉浸其中，获得平和的心境。而心境状态不但影响一个人的言行，还影响对居住环境的选择与布置。江南运河古镇聚落的建筑形态简洁、稳定，具有整体性，装饰色彩朴素、淡然（图7-33），恰恰是居住者内心世界的物化表现，如灰色的铺地，几乎接近原木色的木架结构、家具，黑白色调的中堂画。虽然有些宅第建筑会在门窗、木架结构、装饰上施以朱黑漆，颜色一般为暗红中

带黑，在大面积灰色铺地的衬托下变得暗淡，但这样的环境能让人沉静下来，思想得到熏染而变得宁静。相比之下，故宫建筑群那扑面而来的黄、红、绿、蓝，颜色亮丽，对比强烈，会使视觉神经兴奋和激动。江南运河古镇聚落与建筑传递的是一种宁静悠远、意味深长的意境。追根溯源还是受到营造者主观能动性、心理审美、心境状态的影响，建筑朴素的色彩从侧面反映了江南运河古镇居民的心境。

（a）西塘

（b）南浔

图 7-33　江南运河古镇聚落

三、朴素、雅致

家具是建筑室内空间不可或缺的部分，既有用于厅堂空间的条案、八仙桌、茶几、交椅、官帽椅，也有用于书房空间的书案、书架、博古架、椅、凳等，还有卧室的榻、花床、梳妆台等。家具作为建筑空间的一部分，其制作技艺、制作风格、制作装饰多少受到建筑风格的影响，只有这样才能提高空间的舒适度。家具除了造型美观之外，用材也颇为讲究，常见的有紫檀、黑檀、黄花梨、铁力木、鸡翅木等，其颜色沉稳，经过精打细磨，榫卯构成的家具外观精致、细腻，风格雅致、恬静，与建筑空间环境色彩差别不大，虽然有的建筑梁柱、门窗装饰有朱黑色的漆，但色差保持着一定的度，不会相去甚远而影响空间的协调性（图 7-34）。江南运河古镇朴素的审美还受到江南文人画的影响，尤其在园林景观设计中体现得淋漓尽致，其中以山水精神为核心，建筑基本以青黑色的屋面与深沉的褐色、饰有朱黑色的木结构构成，这点与宅第建筑稍有差异，但整体格调上呈现质朴之感。

朴素、雅致风格的形成无不受中国儒家文化中庸思想观念的影响。雅致的视觉感是舒适、沉静而不张扬，美观而不落俗套，具体地讲是一种高雅、秀逸的意趣，大多指风景或颜色、装饰等。反过来，这种意趣可以通过自然元素、色彩、造型取得。雅致不但体现于建筑空间中的材质，而且还蕴含在简洁、朴素的造型之中。这恰恰体现了居住者、建造者的审美水平，也是对传统朴素自然观念的一种传承和表达。这种思想观念在江南运河古镇聚落形态与风格上充分展现出来，在营建建筑时尊重材料的自然本质，保持自然的颜色，才有了其“黑白灰”的典型特性。这种不施华彩的做法，恰巧是精神的自在表达，是单纯、平和、宁静的心态的自然流露。

图 7–34　嘉业藏书楼厅堂布置

注释

[1] 吴良镛 . 中国人居史 [M]. 北京：中国建筑工业出版社，2014：3.
[2] 刘金祥 . 和合思想的主要内涵与当下价值 . 黑龙江日报 [N].2018 07 17（6）.
[3] 海群 ."和合"文化思想精髓及当代价值 . 内蒙古统战理论研究 [J]，2022（2）：53-58.
[4] 论语：大学：中庸 [M]. 陈晓芬，徐儒宗，译注 . 北京：中华书局，2015：12.
[5] 周礼：仪礼：礼记 [M]. 陈戍国，点校 . 长沙：岳麓书社，1997：494.
[6] 米特福德，威尔金森 . 符号与象征 [M]. 周继岚，译 . 北京：生活·读书·新知三联书店，2018：6.
[7] 高承 . 事物纪原：卷八 [M]. 李果，订 . 北京：中华书局，1985：296.
[8] 王嘉，拾遗记校注：卷八 [M]. 萧绮，录 . 齐治平，校注 . 北京：中华书局，2015：198.
[9] 孙励 . 如意小考 [J]. 文史杂志，2003(6)：70.
[10] 释道诚 . 释氏要览 [M]. 莆田广化寺影印本 .1925：61.
[11] 李诫 . 营造法式 [M]. 邹其昌，点校 . 北京：人民出版社，2006：378-379.
[12] 许慎 . 说文解字 [M]. 徐铉，等，校 . 上海：上海古籍出版社，2007：673.
[13] 童燕康 . 激活的创意思维：置换同构 [M]. 长沙：湖南美术出版社，2011：5.
[14] 张宝 . 图形创意设计 [D]. 合肥：合肥工业大学出版社，2015：71.
[15] 梁思成 . 梁思成文集：第七卷 [M]. 北京：中国建筑工业出版社，1986：34.
[16] 楼庆西 . 雕梁画栋 [M]. 北京：清华大学出版社，2011：225.
[17] 楼庆西 . 雕梁画栋 [M]. 北京：清华大学出版社，2011：232.
[18] 楼庆西 . 雕梁画栋 [M]. 北京：清华大学出版社，2011：159.
[19] 费孝通 . 乡土中国 [M]. 北京：北京大学出版社，2019：49.
[20] 张家骥 . 中国建筑论 [M]. 太原：山西人民出版社，2003：488.
[21] 费孝通 . 乡土中国 [M]. 北京：北京大学出版社，2019：89.
[22] 许慎 . 说文解字校订本 [M]. 班吉庆，王剑，王华实，点校 . 南京：凤凰出版传媒集团，2004：73.
[23] 李聃 . 道德经 [M]. 乙力，注释 . 西安：三秦出版社，2008：12.
[24] 辞海编纂委员会 . 辞海 [M]. 上海：上海辞书出版社，1999：2201.
[25] 顾迎新 ."长幼有序"伦理观的合理性架构及其当代意义 [J]. 文学教育，2023（2）：190.
[26] 计成 . 园冶注释 [M]. 陈植，注释 . 北京：中国建筑工业出版社，2012：195.
[27] 计成 . 园冶注释 [M]. 陈植，注释 . 北京：中国建筑工业出版社，2012：197.
[28] 中国大百科全书总编辑委员会《建筑》编辑委员会 . 中国大百科全书：建筑 [M]. 北京：中国大百科全书出版社，1992：560.
[29] 李诫 . 营造法式 [M]. 邹其昌，点校 . 北京：人民出版社，2006：30.
[30] 中国大百科全书总编辑委员会《建筑》编辑委员会 . 中国大百科全书：建筑 [M]. 北京：中国大百科全书出版社，1992：561.
[31] 李诫 . 营造法式 [M]. 邹其昌，点校 . 北京：人民出版社，2006：19.
[32] 李诫，营造法式 [M]. 邹其昌，点校 . 北京：人民出版社，2006：20.
[33] 李诫 . 营造法式 [M]. 邹其昌，点校 . 北京：人民出版社，2006：27.
[34] 李诫 . 营造法式 [M]. 邹其昌，点校 . 北京：人民出版社，2006：33.
[35] 李诫 . 营造法式 [M]. 邹其昌，点校 . 北京：人民出版社，2006：35.
[36] 李诫 . 营造法式 [M]. 邹其昌，点校 . 北京：人民出版社，2006：40.
[37] 李诫 . 营造法式 [M]. 邹其昌，点校 . 北京：人民出版社，2006：43.

第八章 江南运河古镇聚落的保护路径

在文化旅游热潮的带动下，虽然江南运河古镇聚落独特的建筑风格、秀丽的自然环境和淳厚的民风民俗吸引了海内外游客，但作为历史文化遗产的木结构建筑会随着时间的延续加速老化与衰败，因此不断修缮古建筑是保护聚落灵魂和延续生命的主要途径。现存的江南运河古镇聚落，受发展规划和资金投入比例的影响，存在保护策略上的差异，且面临的问题亦有不同。因此，在保护古镇聚落时，需要与时俱进，统观全局，因镇施策，制定合理而又精准的保护方案。

第一节 江南运河古镇聚落的保护现状及存在的问题

一、江南运河古镇聚落建筑遗产的现状

江南运河古镇聚落保护兴起于20世纪90年代,周庄、乌镇、同里、西塘等古镇因聚落形态完整、建筑遗存丰富而成为较早一批发展旅游产业的市镇，同时以发展促进保护。乌镇于1998年启动保护计划，并委托上海同济大学城市规划设计院编制《乌镇古镇保护规划》，规划明确了乌镇古镇保护和旅游开发的整体发展方向，并将整个古镇划分为绝对保护区、重点保护区、一般保护区和区域控制区四个不同等级的保护区，提出不同等级的保护措施和保护范围，缓冲面积达198公顷。经过几年的规划与保护，乌镇保护开发的东栅景区于2001年正式对外开放。东栅保留了聚落的形态和建筑原貌，将文化名人故居、染坊、手工作坊、民居都有效地保留了下来，尤其是建筑空间及建筑结构特征保持了原貌，同时保留了原住民，使到访者可以感受到水乡原汁原味的风貌。在此基础上形成了独具特色的乌镇保护模式，并走上良性发展的道路。有今天的成就得益于采用了先进的管理理念，尤其在管线地埋、河道清淤、修旧如故、控制过度商业化等方面做得适当有度。

同属嘉兴地区的古镇西塘的保护则因地制宜,因势施策,精准保护。西塘古镇的保护启动比乌镇早两年，1996年保护小组确定了保护开发的目标、思路、重点和措施。由阮仪三教授主持，为西塘古镇保护和旅游开发编制规划。首先对西塘古镇旅游资源进行调查，对认为有保

护和开发价值的古建筑，提出“点线面”的初期保护开发要求，即先开发几个景点，然后形成几条游线，最后带动古镇这个面。同时对聚落空间中的建筑进行整合与保护，并将与古镇聚落历史不相符的采用现代材料构筑的桥、廊等拆除重建，修旧如旧，使其整体协调。除此之外，对河道进行治理，使其干净、卫生，构建和谐的生态环境。正是基于保护的完整性，西塘自开放起就吸引了长三角城市尤其是上海市民前来参观度假，这个静谧的水乡古镇一下子活了起来。

周庄水路交通便利，但陆上交通欠发达，相对闭塞的环境使古镇建筑遗产免受现代工业文明和经济发展的冲击。1995 年启动了周庄规划保护，这是由政府主导、参与的项目，主要从以下几个方面对古镇进行了调整：第一，调整居住人口布局，根据古镇保护规划，迁出 250 户居民，他们被安置在古镇外围新建的居民区。第二，保护古镇聚落空间形态，对年久失修的古民居建筑进行修缮，对古桥梁进行维修与加固，对街巷空间、道路进行修复与保护。第三，对宅院进行整体保护，市镇是周围十里八村聚集、商品交易、文化交流的中心，因此遗存有商贾、官宦、文人的宅院，这些宅院不但具有历史价值，还有艺术价值和文化价值，因此，修复宅第建筑及人文景观旨在挖掘古镇深厚的文化内涵。第四， 深挖昆曲、评弹等演艺项目，充分发扬江南文化特色，展示民风、民俗。

与周庄毗邻的同里古镇，于 20 世纪 90 年代发起古镇文化遗产保护规划。2012 年，《同里历史文化名镇保护规划》获得批准，建立镇域、历史镇区、历史文化街区、各类物质与非物质文化遗产四个层面的保护体系，重点保护各类历史遗存，同时兼顾群众生活，实现了城景交织、古今辉映。同里文化遗产保护主要体现在以下几个方面：第一，尊重和珍惜古镇的历史建筑、传统文化和人文景观。第二，政府会致力于保护和修复历史建筑，居民参与为辅，确保其保持原真和独特的风貌，体现在规范保护措施、修缮依据和限制建筑改造等方面。第三，颁布和实施规划控制和保护条例，用于管理和保护古镇的发展。第四，开展教育和宣传活动，通过举办教育和宣传活动，如文化节庆、讲座、展览等，增加居民和游客对古镇保护的认识和了解，加强公众保护古镇的意识。第五，居民参与和自治组织保护结合，同里古镇的居民组建社区组织或自治委员会，积极参与古镇的保护和管理事务，促进共同监督和参与，确保古镇可持续发展。同里古镇聚落的保护面积大，并且对街区空间、建筑形态、建筑空间、河道进行联动保护。

以上古镇依据地理位置、文化遗产遗存现状、聚落构成元素、聚落大小，分别制定了不同的保护规划和保护目标。从发展旅游业的实践过程看，古镇文化遗产得到了有效的保护，促进了古镇经济的发展。旅游经济的发展为保护古镇提供了资金保障，形成良性循环，与此同时，在发展旅游业的过程中不断创新保护机制和制定发展规划，例如将文化创意与旅游融合，坚持可持续发展道路，这也是古镇旅游业经久不衰的法宝。

以发展旅游促进建筑文化遗产保护的古镇还有黎里、木渎、角直、锦溪、南浔、震泽、新市、濮院、新塍、塘栖古镇等，其保护启动时间早晚不同，文化遗产遗存数量不一，有的市镇甚至是碎片化保护，在时间和空间上不对等、不协调。其中，濮院古镇近几年启动了保护和发展旅游与地方时尚产业相结合的模式，并对碎片化古镇聚落进行系统修整，进行拆迁安置，结合濮院历史文化发展脉络，参照宋式建筑风格进行整体规划与设计，将毛衫时尚产业与文化旅游产业相融合，以“中国时尚古镇”为总体定位，整体规划总面积 3360 亩。濮院时尚古镇依托水乡古镇资源、文化资源带动旅游，以毛衫产业资源带动时尚文化发展，打造了一个集观光游览、休闲度假、商务会展、时尚文化等旅游业态于一体的度假胜地，是服务到位、设施完善，参与性、体验性、观赏性极高的综合性特色古镇景区。虽然濮院古镇景区刚开放不久，还没有量化产出旅游产业带来的红利，但濮院古镇的发展规

划与定位是接地气的，将古镇旅游与毛衫特色小镇相结合是符合未来时尚文化发展预期的。其实，每个古镇都有地域文化特色，俗话说："十里不同风，百里不同俗。"新塍古镇则是将古镇文化旅游与地方美食文化相结合，吸引了不少周边城市的市民来体验。以上是经过规划和保护对外开放的古镇，还有一些古镇地理位置优越，但因对古镇聚落保护不力而缺乏吸引力，如地处江南运河南线上的平望、盛泽、练市、石门、崇福、长安、塘栖等古镇，虽然也有老街区，但因为经济发展，生活方式变化，人口外迁，老街区多是老年人生活，有的房子供出租而改装变脸，加速了对古建筑的破坏。因为没有严格的保护规划和保护措施的指导，这些古镇的建筑遭受了不同程度的破坏，有的老宅甚至被推倒，在原有的地基上建造新样式的建筑，古镇聚落的自然生态、空间形态以及历史面貌也被破坏了。因此，没有发展旅游的古镇聚落，遗存的建筑文化遗产面积不大，相对较为零落分散，规划难度大。

二、古镇聚落保护存在的问题

（一）空间环境五花八门

聚落空间环境既是古镇历史面貌的呈现，也是文化意蕴的载体。空间环境是由建筑、街巷、河道、桥梁等共同构成的，它们承载着居民的衣食住行，但也存在一些突出的问题，这些建筑和构筑物占用河道空间，给河道带来了环境和卫生问题；与此同时，为了营造明亮的空间，古建筑遭到乱改，不管历史价值如何，传统的板棂窗、支摘窗被拆除，安上铝合金玻璃窗，有的商铺为了方便，将条板门拆除，安装上铝合金边框的移动玻璃门，从而破坏了历史面貌，扰乱了建筑空间的秩序。有的古镇次核心区域的建筑改造更是随意，甚至换上了防盗窗、防盗门，与斑驳、朴素的墙壁，黛灰色的瓦砾，室内木结构体系格格不入，尴尬至极。

（二）建筑色彩装饰与历史景观不符

建筑作为聚落的主要构成部分，虽不断修葺、维护，但在经历风吹日晒和岁月的沉淀后，建筑色彩越发沉稳。每年的 6、7 月是梅雨季节，气候潮湿，容易返潮，建筑外墙受雨水浸润后长青苔、出霉斑，日积月累，白色的墙面变成了青灰色，或白中带灰，古朴自然。但有的建筑在翻新时，只考虑了白墙灰瓦中的白色，却忽视了印上岁月的痕迹后的白墙的特点，因此出现了刷白的墙壁，在聚落空间中格外显眼，与聚落环境极不协调。更有甚者，有时为了使建筑内部空间色彩和装饰看起来整洁，翻新后给有精美雕刻的梁枋刷上厚重的深红色油漆，掩盖了雕饰的朴素自然之美。不管是建筑外部空间还是内部空间，在色彩和装饰上都应该考虑周边的环境，考虑古镇聚落的美学特征。

（三）经营千篇一律，缺乏地方特色

目前看来，江南运河古镇在营商项目上颇为相似。例如糕点铺，几乎都是以售卖芡实糕、灯芯糕、绿豆糕为主，且不同的古镇经营的糕点种类几乎一致，连包装都高度统一；再如服装店，其售卖的服装，甚至少数民族的服饰都能在各个古镇找到踪影，但西南地区苗族的服饰出现在江南古镇中，就与文化环境、地理环境非常不符。虽然乌镇在这方面做得不错，蜡染蓝印花布产品较有地方特色，是江南水乡传统衣被布料，但在花色样式、产品设计上特色不够。同里古镇将蓝印花布用作船娘的服饰，具有典型的地方特色，但在经营中缺乏创新设计。除此之外，售卖的手工艺品也千篇一律，不但在不同的江南运河古镇中能够看到，在全国其他旅游景点也较为常见。

（四）非物质文化遗产内涵挖掘不足

江南运河古镇历史悠久，人文兴盛，文化脉络清晰，大多为明清时期的手工业经济重镇。由于古镇是乡村政治、经济、文化交流的中心，

乡村手工业产品一般通过市镇的集市买卖与流通。甚至形成了不同的产业群体，各有特色。例如，濮院古镇曾经以制作濮稠著称，还有王江泾的棉布，新塍的纱布，乌镇的纺织业、竹器、制衣业、铜锡业等。今天以发展旅游业为主的古镇，特色文化符号挖掘不足，对手工产业的挖掘并不深入，虽然也有木梳坊、造船坊、铜器坊、竹器坊，但因为产品的开发跟不上时代的发展，不能满足游客的购买需求。例如竹器产品的开发没有考虑到应以小而精致为主以方便携带，也没有考虑到融入古镇文化，用文化给手工艺品赋能，提高其艺术价值和审美价值。同时，产品的品牌化也不够完善，产品制作工艺和档次需要提升。

第二节 水生态的治理与保护

《重点流域水生态环境保护规划》中明确了“三水任务”，即统筹水资源、水环境、水生态治理。第一，水环境治理方面，在深化工业、城镇生活、农业农村、船舶港口污染防治的基础上，加强入河入海排污口排查整治，分类推进地级及以上城市建成区、县级城市建成区和农村黑臭水体治理，着力打通岸上和水里；第二，水生态保护方面，强化重要水源涵养区保护和监督管理，开展河湖生态缓冲带保护与修复试点，同时在湖泊开放水域开展水生植被恢复试点，因地制宜通过就地保护、迁地保护、栖息地恢复等措施保护水生生物多样性，从陆域到水域全方位保护生态系统完整性；第三，河湖基本生态用水保障方面，推动制定生态流量管理重点河湖名录和生态用水保障实施方案，推进生态流量管理全覆盖，并通过加强生态流量监测、江河湖库水资源配置与调度管理等措施予以保障。目标是着力构建水资源、水环境、水生态治理协同推进的格局，推动“有河有水、有鱼有草、人水和谐”“清水绿岸、鱼翔浅底”的美好景象。

水治理是历史发展过程中的重要事项，也是现代化发展进程中利国利民的大事。“从深层次讲，治水就是抓现代文明树新风，水文化的价值在于它让人们热爱水、珍惜水、节约水。水文化直接触及人们的灵魂，浸润着人们的心田，影响着人们的思想意识、道德情操。”[1]浙江省委十三届四次全会提出“五水共治”，要以治污水、防洪水、排涝水、保供水、抓节水为突破口倒逼转型升级，拉开了浙江省大规模治水行动的序幕。但“五水共治”主要在城市全面展开，市镇聚落虽远离城市，但却是仅次于城市的人类主要聚居区，因此在市镇开展

“五水共治”也是有必要的，尤其是在江南运河水网系统丰富的古镇，延续水文化文脉对江南运河古镇聚落保护是至关重要的。

随着经济不断发展，江南运河古镇聚落不断壮大，人口越来越密集，至20世纪90年代，古镇聚落水环境承受着生活废水和工业废水的双重污染，地方政府组织人力治水、治污，让生活污水远离河道，对水环境改善有一定的帮助，但随着工业大发展，河道环境受到的污染愈发严重。在工业发展的同时，旅游业逐渐兴起，古镇聚落迎来了发展的契机，也迎来了环境改造的机会。因古镇聚落分布于不同区域，有的为了发展文化旅游产业而进行整体的规划保护，但并不是所有古镇聚落都有天时地利人和的条件，有的因年久失修而破败不堪，政府仅对生活用水、污水管道进行改造，不至于排放到河道而造成污染。因此江南运河古镇聚落的水生态现状是多样性的，总体归为三个等级——较好、一般、较差。从调研走访来看，水生态的保护与古镇聚落的利用有一定的关系，根据产业发展环境可以概括为两种情况：一是以发展旅游业为主的古镇，水生态环境相对较好，水质清透，环境卫生水平较高，水面几乎看不到脏污。也有古镇在发展旅游业的同时，对水环境保护疏忽大意，污水被倾倒至河道，致使河道卫生情况不佳。二是发展新型产业的古镇，但因为环境保护意识不强，河道漂浮物较多，乱排现象严重，导致水质浑浊度高，小河道存在淤泥堵塞、流通不畅的问题。

河道环境对于居住者来说是重要的，如果治理不善，容易有异味，造成河水浑浊，生态失衡，对人居环境产生不良影响，对人的身体健康也会产生间接的影响。不同市镇聚落因发展情况不同，水道环境也不同。因此，要做好水生态环境保护，需要从以下几个方面着手。

一、整体性保护

从江南运河古镇聚落水文地理环境以及河网构成的情况着手，评估河道环境、水质、水量、河底情况，因地制宜制定合理的保护规划，设立阶段性的治理目标。由于江南运河古镇直接或间接地与江南运河相接，同时还要考虑水系的水质情况。整体性保护不是只管治理水质、不问原因，不能只管治理淤堵、不管相连接的其他水道，因为水是流动的，流动的时候夹杂的泥沙、污水会被带到相连的其他河道中，因此整体治理水道环境是必要的，治理水道环境也不能只局部清淤、净化水质，还要注意与河道相连通的排水沟，有没有小作坊排出废水、有没有生活污水乱排现象。同时，还要强化居民的生态保护意识，例如不乱扔垃圾，不倾倒污水至河道。在一定程度上，整体性保护是对聚落中整个水系情况的摸排，例如进行水质监测、水流量监测、水底沉淀淤泥情况监测、聚落排水系统情况监测、居民行为规范监测。其中，人对环境的影响起到关键作用，反过来好的环境也能让居民身心愉快。因此，在水生态环境保护上，应该做到全民参与、整体规划、标本兼治，只有这样才能形成良好的水生态环境。

二、差别化保护

差别化保护是短时间内有效治理水生态环境的可行方案，由于江南古镇聚落一般处于水网丰富的地带，聚落水系来自不同方向、流经不同区域的水源，所以水质量、水流量、水夹带物也存在差别。在这种情况下需要制定差别化的保护方案，对来自优质水源地的河道环境做好优先保护，对来自劣质水源地的河道做重点保护，彻底清理河道淤泥、沉淀物，增加流动性，运用生物净化水质，在河道中栽种绿水草，在河岸栽种植被。并对净化好的水系进行功能性划分，优质水源地来水与劣质水源地来水应设置水闸，待劣质水治理达标后再开闸放水交汇，保持良性循环。即便在同一个聚落

中，同一条水系，因为流经密集居民生活区、闹市区，水道环境也有差别，如果生活用水外排，难免影响水生态环境，从而影响水的质量。因此，找出污染源、积污点，做到有的放矢、寻根问源。保护水环境需要持续跟进、分别对待，差别化保护不但可以节约资源，还可以事半功倍。

三、分段式针对性保护

分段式保护是针对不同河段的水资源、水生态、水环境进行精准施策、精准治污、精准恢复生态的切实可行、高效的保护方法。分段式保护的前提是对河道环境、水质环境、河岸环境、上下游关系、陆上水下、地表地下、河流、湖泊进行全面勘察和评估，然后根据不同河段情况进行立体空间隔离，制定针对性、合理、科学、节能的治理方案，治理完成后应继续保持隔离，闭环管理。再分段治理上下游的河段、湖泊湿地的水质量、水环境。

针对性治理还需要从水的功能类别入手，实施不同的治理方案。为使水资源开发利用更趋合理，取得最佳效益，促进经济可持续发展，依据国民经济发展规划和水资源的综合利用规划，将水功能划分为两级体系：一级区分水域水源保护区、缓冲区、开发利用区及保留区；二级区分饮用水源区、工业用水区、农业用水区、渔业用水区、景观娱乐用水区、过渡区和排污控制区。根据水的用途，也制定了相应的水质标准。

分段式治理水环境有利于保持良好的治理效果，节约材料、人工、财力。分段式保护水生态也是科学保护水生态环境的有效途径，分段治理后的水生态在一定程度上交叉污染减少，避免了重复治理。分段式针对性保护有利于闭环管理，有的放矢地恢复生态，实现水生态环境可持续发展的目标。

四、水生态修复性保护

水生态修复是近些年来较为常见且流行的可持续性保护水生态环境的方法。水生态修复有以下几种分类方式：根据水体，分为河道生态修复、湿地生态修复和池塘生态修复；根据修复介入路径，分为植物修复、生物修复、物理修复、化学修复、工程修复以及湿地生态修复；根据水生态修复技术，分为控源减污、基础环境改善、生态修复重建、优化群落结构。江南运河古镇聚落水生态修复主要以河道生态修复和湿地生态修复为主，尤其是湿地生态修复对水系的影响较大，湿地往往是水系的交汇聚集点，水在低洼处形成湿地，外来水源往往会在低洼处聚成草荡，并分为若干支流，有的支流流经聚落，有的绕聚落而行走他处，周边的荡、塘与古镇聚落河道紧密相连。因此，生态修复保护不能只以聚落为中心，要考虑与水源、主干水系相关联的塘、荡、湿地。恢复湿地的水循环系统，有助于维护土壤、水体、植物、陆地生态系统的稳定性，为居民提供生活用水，同时还满足农田作物用水，有助于古镇聚落良性发展。因此，湿地修复是首先要考虑的问题，要周边环境、水中环境双管齐下，既要减少水源污染，又要考虑保护湿地生态环境，包括周边植物景观的修复并保持其原始性、土著化、多样化。修复湿地生态的同时，对聚落河道也要进行相应的环境治理与生态修复，如在水下人工种植藻类植物，如黑藻、茨藻、虎尾藻、眼子藻、伊乐藻，也可以种植草类植物，如水盾、荇草等。同时要恢复本土鱼、虾、蟹等动物的生物多样性。修复河道水生态不能只考虑水中，还要考虑河两岸，治理乱搭乱建，建立生态缓冲区，栽植低矮植物，不但固堤防洪，还可净化环境，形成新的生态系统，营造岸上绿树成荫、河中清水荡漾的美丽景观。生态修复是一项持续开展的活动，不能只管修复，还要定期更新、维护，使人与自然、生态环境和谐共处。

五、建立长效保护机制，在发展中寻求保护

（一）利用古镇建筑文化遗产优势，使经济与生态协同发展

水生态保护是功在当下、利在千秋的伟业，但前期需要源源不断地投入资金。目前水生态保护较好的古镇聚落，一般文化旅游产业发展基础较好，如乌镇就是典型的例证。除了有政府投入之外，还需要发展自身优势，才能形成良性循环。对于保护情况较好、地理位置尚佳的古镇，可以利用区位优势，与当地产业文化相结合，发展商业贸易和古镇休闲旅游，例如濮院古镇。旅游发展带来的连锁反应是经济的腾飞，水生态环境治理与保护也将有源源不断的资金支持，从而为维护古镇优质的生态环境提供保障。位于嘉兴近郊的新塍古镇也是在发展中保护的典型案例，是嘉兴市区居民周末的好去处，其交通便利，除公路外，专设步行道、骑车道、水上航运三条专门通道。新塍定位为美食休闲旅游小镇，还配备环境卫生、干净的菜市场，菜市场甚至吸引了上海退休人群定期前往，品尝美食及购买农产品。也吸引了前来品尝美食的食客来到古镇聚落，街道商业氛围日渐浓厚，聚集了人气，人气旺了，经济发展就会跟上。新塍镇政府出面对古镇聚落进行整体规划，改造后的河道生态环境变化较大，清清涓流代替了以前浑浊甚至部分河段滞流的水况，过去死气沉沉的古镇聚落空间变得生机盎然。由此可见，古镇聚落的发展离不开保护政策，也离不开游客，而游客被吸引是因为舒适、惬意的环境，水环境对激发江南运河聚落空间的生机与活力有着举足轻重的作用，是盘活古镇聚落的关键所在。

（二）提高居民生态保护意识，维护生态修复成果

环境治理与生态修复过程漫长而且见效比较慢，这个过程投入了大量的财力、物力、人力，但要毁于朝夕却不费吹灰之力。因此，生态的保护要以人为主导，提高企业主、居民的生态保护意识，贯彻生

态保护的法律条例，建立生态保护的行为规范。强化公民的生态保护意识需要分三步走。

1.普及生态保护法律条例

普及生态保护法律条例与知识要点，主要是通过举办集中宣讲活动，以多媒体、宣传册等种多渠道生动形象地向企业主、居民传播法律常识，强化法律意识，使其认识到生态保护的重点和边界。为普及到位，应做到不漏一人，因为个人的疏忽和大意，也会给修复成果带来影响，让志愿者团队走街串巷、入户宣传是行之有效的方法。

2.水生态保护知识的传播

根据当地水生态环境保护的方案及保护情况制定保护知识手册，明确水生态保护关乎每位居民的生存利益。对居住在古镇聚落的居民来说，规范其日常行为至关重要：第一，做好垃圾分类，垃圾分类有利于环境清洁，可以杜绝乱倒乱扔，这也是保护生活区环境的第一步；第二，要杜绝生活用水倾倒入河道；第三，杜绝在河道中洗涮拖把等用具。可以将保护要诀制作成册页发放给各户居民，同时可以利用数字媒介，利用小程序知识问答的方式强化居民的生态保护意识。

3.建立约束与激励制度

生态环境保护与居民切身利益息息相关，不但关乎建立良好的生存空间，而且关乎生态的良性发展。因此在保护生态环境、进行生态修复的同时，应建立约束与激励制度。首先，利用法律法规对生态保护系统的运行与维护进行约束；其次，通过明确相关系统及人员如企业主、居民的责任，来限定某些行为活动以保护修复成果；最后，通过教育激励和社会舆论、培育道德与价值观等手段对相关人员进行约束与激励。

（三）建立责权分明的制度，政府、修复单位与居民共同参与保护

政府作为主导者是生态保护方案、措施的制定者，根据生态保护

条例，生态环境保护方法应制定详细的乡约、民约规则，明确生态修复单位、责任人的责任，明确维护生态环境治理与修复后的责任，生态环境的保护尤其是水生态的修复是一个持续发展、不断更新维护的过程，不是完成修复就万事大吉了。根据水资源污染源头问题，还要建立责任制度，尤其是印染厂、造纸厂、食品厂等排放污染的企业，应有针对性地确定责任范围，必要时进行奖惩，争取做到零污染。

保护水生态环境、修复水生态系统，建立河长制是行之有效的。河长负责一定段位的河道生态监测，同时负责监督相关人员生产作业污水排放的情况。明确环境保护，人人有责，居民要负责保护住所附近的水道环境，也有责任监督、制止其他人员的违规行为，因此，有建立居民行为约束责任制、监督责任制的必要。

只有政府、修复单位、生产企业以及居民共同承担环境保护的责任，约束自己的行为，才能保护好水生态环境，巩固水生态修复的成果，形成良性循环，建设良好的生存空间，使人与自然、人与聚落环境和谐共生。

第三节 江南运河古镇文化遗产的活态传承与保护

江南运河古镇聚落除了拥有丰富的建筑文化遗产之外，也有遗存较为丰富的非物质文化遗产，而无论是何种遗产，它们的产生与古镇的生活习俗、生产方式以及生态环境都有着直接的联系。因此，梳理活态传承与保护路径应该以古镇的历史发展与现状为依据，同时也要与时俱进，转换理念，还要与当下的生活、生产方式相结合。

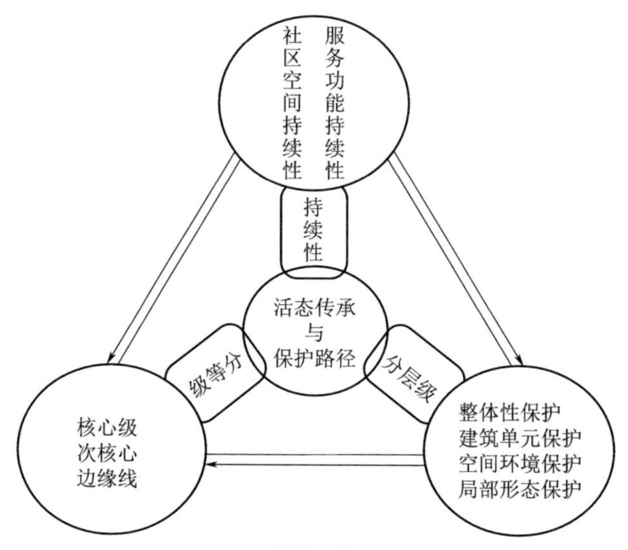

图 8-1 活态传承与保护路径图

江南运河古镇聚落文化遗产从构成来看，主要分为两大类：一是物质文化遗产，包括人文历史建筑，即民居、宗教建筑、桥梁、河埠、街巷等；生态环境，即水资源、土地资源、生物资源以及气候资源等。二是非物质文化遗产，既包括岁时节日民俗、人生礼俗、游艺民俗、信仰民俗等；也包括与生产、生活相关的传统手工技艺，如建筑营造

技艺、竹器制作技艺、纺织技艺、制衣技艺、造船技艺、茶糕点制作技艺、面食制作技艺等。无论是物质文化遗产还是非物质文化遗产都离不开社会结构、生活习惯、生产方式，这几方面相互影响，形成了具有地域特色的文化。因此在制定传承与保护方案时应该全局考虑，分步骤开展（图 8-1）。

一、分层级保护

（一）古镇聚落的整体性保护

整体性保护是对聚落整体空间形态的保护。江南运河古镇聚落形态有着典型的地域性特征，因为受水文地理环境的影响，分布在不同区域的聚落具有各自的特色。聚落空间形态是聚落保护的依据，聚落空间形态的延展与跨度是古镇曾经繁荣与否的象征，通过聚落形态不仅可以触及历史发展的境况，同时也可以窥见聚落构筑的智慧与美学精神。

以新市古镇为例，新市古镇聚落是将水发挥到了极致的典型，这是一个典型的以中国传统文化为主线，并且将道教文化融入聚落空间形态的构筑，不同方位都有着自己的称谓，但随着现代经济发展和城镇化建设的推进，原有的聚落空间形态被分割得支离破碎，与镇志中的聚落格局与形态相差甚远，因此，也使新市在古镇文化旅游产业发展中优势不太明显，失去了聚落空间形态的完整性，相当于失去了聚落的灵魂和文脉，因此无法与乌镇、西塘、同里等古镇相抗衡。在保护聚落形态时，应参考聚落分布与结构构成特点，不能因为现代生产生活需要而舍弃聚落空间的历史面貌。事实上，在文化复兴的新时期，聚落空间形态的保护反而能为当地居民找回文化自信，找回失落的文明。

《历史文化名城名镇名村保护条例》要求，历史文化名城、名镇、名村应当整体保护，保持传统格局、历史风貌和空间尺度，不得改变与其相互依存的自然景观和环境。历史文化名城、名镇、名村所在地县级以上地方人民政府应当根据当地经济社会发展水平，按照保护规划，控制历史文化名城、名镇、名村的人口数量，改善历史文化名城、名镇、名村的基础设施、公共服务设施和居住环境。在历史文化名城、名镇、名村保护范围内从事建设活动，应当符合保护规划的要求，不得损害历史文化遗产的真实性和完整性，不得对其传统格局和历史风貌构成破坏性影响。根据目前古镇聚落的保护现状，聚落空间形态的保护存在不同程度的缺失，在保护聚落空间形态时，只能根据当下地理环境针对性地保护。因此要做到以下两点：一是保护较为完整的聚落形态，继续维护现状，但不能只顾人流量旺盛的区域，而忽略了对聚落边缘形态的保护。二是实施碎片化保护的古镇聚落，应尽可能地建立缓冲区，使分割后的聚落尽可能自然过渡，同时在每块聚落中保护好现有的聚落形态。

（二）建筑模块化保护

模块化可以引申为将系统分成一个一个独立的部分，每个部分单独实现功能。从严格意义上讲，江南运河古镇聚落是由若干个模块集合而成的完整系统，如果从功能上划分，可以分为商业建筑群、住宅建筑群、作坊建筑群以及园林建筑群。其中的任何一个模块都是建筑遗产不可分割的部分。因此，保护过程中应该遵循模块化、系统化统筹规划，分别制定合理的保护方案（图 8-2）。

1. 商业建筑群保护

从江南运河古镇聚落保护的现状来看，商业建筑群多修旧如旧，位于闹市区的商铺仍然承担着应有的功能，但相当一部分商铺建筑装上了卷闸门、移动玻璃门，极少数保留了条板门样式，这种做法破坏了原来商铺建筑的风貌。改头换面后的商铺是实用方便了，但其失去了历史遗迹的精神，这也是很多古镇聚落保护中最常见的问题。商业

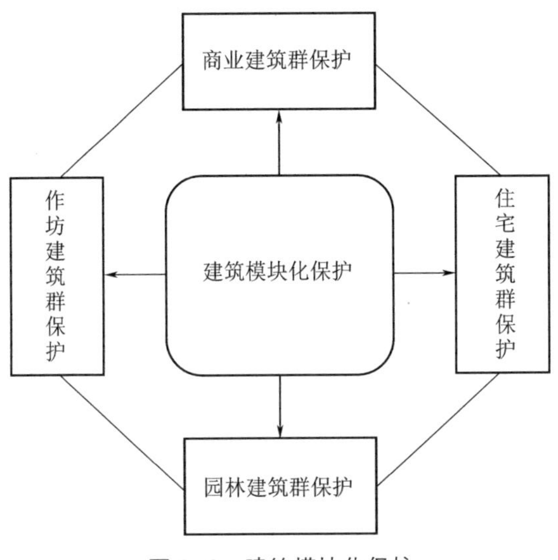

图 8–2　建筑模块化保护

建筑在外在形态结构上与住宅建筑形态、结构有功能上的差异，因此，商业建筑应按照旧时商铺门面、门窗、结构形态进行修缮，以老照片、现存老建筑、地方志为参照，通过传统建筑营造技术找回历史的味道。由于现代经营方式发生了变化，内在空间可以根据现有的功能进行修缮改装，但前提是不能破坏木构建筑体系。商业建筑群是商贸繁荣的见证，在承担内在空间新功能的同时，外观应修旧如旧，保留牌匾、招幌样式，与建筑风格相协调。

2. 作坊建筑群保护

作坊建筑是市镇繁荣的见证者、制作手工艺品的空间、民生需求的满足者。可以复原传统的手工艺产品，建立手作特色馆，展示制作工艺，同时也可以活态保护的方式保护作坊建筑，建立传统手工艺生产空间，作为文化旅游产业的一部分。作坊的复原与保护有利于传承传统美食、传统手工艺，也可供人参观学习、品尝购买，实现交互式的生产交易，既保护了建筑空间，又传承了传统手作技艺。

3. 住宅建筑群保护

住宅建筑群是江南运河古镇聚落中较为庞大的存在，也是聚落的主要组成部分，虽然住宅建筑具有多样性，但整体的风格却较为一致，基本为白墙黑瓦。因此，不管是普通民居建筑还是宅第建筑，在保护的过程中均能遵循原有的建筑风格。现存的聚落住宅建筑多少存在乱改建的现象，有的建筑为了方便采光、居住舒适，将木格窗改为玻璃窗，也有不遵循建筑原有形态，将木门改为防盗门的现象。从保护历史街区历史价值和文化价值的角度看，这种方式是不可取的，不仅破坏了历史建筑，还破坏了历史景观。目前，住宅建筑保护做得最好的是宅第建筑群，无论是外观形态还是室内空间均能做到修旧如旧，让人有穿越时空回到过去的身临其境之感。但有的古镇仅仅保护个别有文化价值的宅第建筑群，忽略了对单院落住宅的保护，而普通单院落住宅是聚落的主要构成部分，也不能忽视其历史价值。至少建筑立面、屋面、门窗的结构和形态应该整体上协调一致。做到这些并不简单，需要文物保护部门制定古建筑群保护的指导方案，制定保护公约、保护条例，同时，建立古建筑巡视监察员制度，对建筑改造方案、改造过程、改造结果进行指导、监督和评估。

住宅建筑群是文化旅游的核心空间，其空间布局、室内装饰、门楼、牌匾、雕刻艺术凝聚着人们的文化思想和艺术审美理念。在保护过程中，争取不破坏建筑结构、建筑形态，使其回归历史面貌，给观者提供沉浸式感受古镇历史风貌的空间。

4. 园林建筑群保护

园林建筑不同于聚落中的其他建筑形态，其造型别致，没有固定统一的形态，因地制宜，因势而造。保持园林景观的完整性，应从园林的环境、造园思想、造园植物、山水景观等方面全面考虑，不应为了保护建筑而保护，也不能随意改变建筑的颜色，江南运河古镇园林建筑大多以自然色为主，历经风霜雨雪后沉淀为褐色或灰黑色，因此，在修缮建筑时应尊重原有材料沉淀的自然色，即便要更换，重建时也应顺应原有的面貌，与环境空间相协调。园林建筑相比民居建筑很大

的不同在于体积小，与自然环境和植物、山水景观融为一体，因此，即便是新营建的亭台楼阁，在体积大小、结构设计、形态设计、色彩设计上都应该遵从园林的生态环境特征。园林建筑保护既要适合园林造景、观景，又要考虑造型本身与地势环境的关系。将建筑按照其功能分门别类进行保护，有利于合理化利用资源，针对性制定政策与规划，模块化保护可以使同类建筑取得风格上的统一与协调。当然分模块保护不代表割离彼此，也不是脱离聚落环境孤立开展，模块化保护首先要以聚落格调为依据，进行有目的的保护。

（三）空间环境保护

江南运河古镇聚落是由多元化形态构成的生存空间，除住宅建筑这类私密空间之外，还有公共空间，如街巷、河道、桥梁等流动空间。空间环境可以唤起人们对过往生活的记忆，其河道空间更是古镇聚落居民对外交流的媒介，外来货物在河道空间上交易，本土产品也是通过河道交易输送至四面八方，河道空间环境对古镇经济繁荣发展起着不可替代的作用，因此，保护河道环境空间是在保护商贸经济繁荣的历史环境。不管是河道空间还是街道空间，在保护时都应尊重原有的空间形态，不能任意改造，在铺路石、砖以及进行河道驳岸、桥梁的修缮与保护时，应运用与历史建筑相符的材料，采用与聚落环境相协调的营造方法。保护聚落空间，不但要内外兼备，而且要公共空间和私有空间双管齐下，建筑内部与外部形态，门窗、装饰谱系都是保护的重点。

（四）局部形态保护

1. 聚落形态保护

江南运河古镇聚落形态有着典型的地域性特征，因为受水文地理环境的影响，分布在不同区域的聚落各自具有特色。以水道为中心构筑的聚落，整体上以带状分布为主，但从空间形态上看，又因河道构成特点而形成T字状、十字状、团状、树状等。在田野调查采风取证的过程中，发现有的古镇聚落有现代工业、商业建筑等充斥其中，原本的聚落空间被压缩，甚至有的只剩下一段河道、一条街。轻工业发展的市镇这种现象更为显著，是典型的因经济发展而舍弃古镇聚落空间形态，象征性地保留遗存相对完整的一部分。在保护聚落形态时，应参考聚落分布与结构构成特点，不能为满足现代生产生活需要而舍弃聚落空间的历史面貌。目前，聚落空间形态的保护存在不同程度的缺失，在保护聚落空间形态时，只能根据当下地理环境针对性地保护。

2. 街巷形态保护

砖石铺地、曲径通幽是江南运河古镇街巷的基本特色。因此，在保护古镇聚落时，应保留原汁原味的街巷气息，并且街巷、弄堂的铺地也应修旧如旧，杜绝用水泥地面代替砖、石地面，应该选用与传统砖、石接近的颜色，同时在铺设方法上也应讲究，例如并列铺、人字铺、回纹铺、席纹铺等，石头铺地是江南运河古镇聚落的特色，因四时、气候、天气变化而呈现冷暖色调，这是江南运河古镇聚落的记忆空间，铺设地面时还要考究铺设的方法和秩序。在街巷形态上尽量保持原有的曲直变化、宽窄不一的形态，杜绝一字到底、一览无余的直线形态，因为这与江南运河古镇聚落形态、建筑布局、街巷特征不相符。

3. 河道形态保护

在陆上交通发达的今天，虽然河道的生活功能及交通功能褪色不少，不再是居民赖以生存的空间，但在旅游发展的驱使下，河道空间转变为水上旅游项目的载体，游船如织穿梭于固定的河道区域内，有的古镇为了满足旅游项目的需求，建造河坝，使之与其他河道隔开，造成河道保护以营利为目的，使河道水流不畅，空间环境变弱，也有部分古镇聚落中曾经因扩大土地建筑面积而填河造地，这些做法都是不可取的。任何一条河段都是古镇聚落空间的一部分，不能顾此失彼。因此，不仅需要保护干净、适宜的河道环境，而且还需要保护河道的原始形态，同时在河

道驳岸的构筑材料上选用与历史符合的石材，使其呈现自然本色。

4. 桥梁形态的保护

保护桥梁，不只要保护桥体、桥的形态，还要保护桥面、望柱、踏阶，以及与桥相连的路面、水体。同时，控制水上航船体积的大小，以防过量船只通行毁坏桥体，并评估桥梁的寿命、结构情况、承重情况以及通行限制标准。应根据文献资料记录的样式对桥梁进行修复重建，材料尽量运用大理石，使其与周边空间环境中的路面、建筑地基、河埠头、驳岸相协调。

二、分等级保护

分等级保护是针对性保护的有效方法，根据对古镇聚落建筑形态、空间环境的等级评估，将根据建设年份、建筑物现状、建筑空间环境所呈现的文化价值、历史价值、经济价值等对建筑进行分等级保护，例如对重点文物优先保护，根据现状和未来发展规划制定切实可行的保护措施等。具体地讲，要根据古街区的历史发展、现状以及在古镇中所处的位置分为核心层、次核心、边缘线三个等级进行针对性保护。

（一）核心层保护

现存的江南运河古镇聚落呈现保护完整街区、不完整街区的分层，完整街区一般为传统意义上的市街和古镇聚落的中心区域，这里不仅是商业区，同时也是达官贵人、商贾云集的住宅区，其建筑群保护相对完整，并具有相当高的历史价值、文化价值、经济价值和艺术价值，而这一区域也是现代古镇文化旅游的核心区域，因此，在保护的层级上可视为核心层，属于重点保护区域。作为重点保护区域，应制定合理的保护措施，以保护和维护为宗旨。因为核心区域的人流量相对较大，是游览者首选之地，对古建筑群的损耗和影响也较大，所以不但应加大保护的力度和频率，同时限制访问相对完整的历史建筑结构空间，以减少磨损。与此同时，对核心区域的建筑空间环境及建筑群进行定期监测和维护，保证核心区域市街、建筑历史风貌的统一性和完整性，还原古镇聚落的历史空间。核心层的保护重在制定严格的保护方案，营造古朴的视觉空间，而非随意修整、加入与历史风貌不符的元素。

（二）次核心层保护

基于经济价值、文化价值、历史价值方面的考虑，次核心区域与核心区域联系更为紧密。从沉浸式旅游的视角来看，人们不只是在固定的区域行走观赏，还需要一定的流动空间，次核心区域便成为聚落核心空间延伸的有力保障。同时，次核心区域多少分布着有历史价值的建筑群和街巷空间，因此系统保护次核心区域也有利于人们自然流畅地参观游览。虽然次核心区域在保护方案上不能与核心区域并重，但可以做到有的放矢，首先应保持街巷弄堂的历史面貌，为了与核心区域的街巷风貌保持一致，在墙体、地面的修复上应该呈现特有的年代感，而在建筑群的保护上，重点保护有历史价值、文化价值的建筑群，而对于破坏较为严重而又不具备修复价值的建筑群可以在形态、外观上与历史建筑保持一致，内部空间则不做要求。

（三）边缘层保护

边缘层处于次核心区域和郊野之间，从目前现存古镇聚落的状态来看，这一区域也是破坏最为严重、新建筑群最多的区域，且新旧建筑混合，呈碎片化、分隔化。从保护状态来看，恢复历史面貌以及古街区、古建筑形态的难度较大，但针对性保护是行之有效的方法：一是可以将财力集中于有历史价值、文化价值的建筑群，有效实现资源配置，提高保护效率；二是可以减少不必要的浪费，对街巷空间的风貌上进行修复，使其与核心、次核心区域街巷空间环境保持统一，而

对于现代建筑群可以对外观进行形式上的统一，内部空间可以不加约束，保证户主的居住空间。

三、可持续保护

可持续保护是延长古镇历史寿命并使其与现代生活融合发展的基础,可持续保护并不是停留在对单个历史建筑、建筑群,单个桥梁、廊棚、街区的保护，而是从社区的持续性、空间环境的持续性、功能的持续性全方位、多维度地保护古镇聚落的生态环境及生态美学。

从职能上看，社区是居民活动、参与社会事务的空间，具有经济、文化及社会功能。费孝通主持编写的《社会学概论》将社区定义为，若干社会群体（家庭、民族）或社会组织（机关、团体）聚集在一个地域里，形成的一个在生活上互相关联的大集体。《中国大百科全书》对社区的定义是，以一定地理区域为基础的社会群体。《民政部关于在全国推进城市社区建设的意见》中对社区的表述是，指聚居在一定地域范围内的人们所组成的社会生活共同体。在上述国内定义中，“地（理区）域”表达了空间的内涵，但是对于地域范围及其大小并无明确规定。[2] 由此可见，不管是村落、市镇还是城市，都有社区的存在。江南运河古镇的社区环境较为复杂且具有多样性，根据聚落居民构成及经济发展状况，可以概括为三种类型：一是发展旅游的古镇聚落，商业氛围浓厚，居住人数多而复杂，社区规划较为成熟，空间环境较为健全。二是以手工业、农业为主的古镇聚落，居民多以务工、务农为生，社区环境安静，街巷空间相对统一，对聚落空间做了相当多的改变，但空间功能较为单一。三是损坏较为严重的聚落，居住人口不太密集，甚至是零星地分布在聚落的各个角落，大多以老年人为主，居住环境差，社区建设不太完善，甚至难以长久且持续发展。针对不同的古镇聚落社区状况应精准施策，让社区健康发展是首要目的，主要做到以下两个方面。

1. 社区空间的持续性

社区空间既是生活在这一区域的人们的社会空间，也是居民赖以生存的空间，主要包括物质空间和非物质空间（图 8-3）。“物质空间是指客观的物理空间，认识对象主要是物质的和物质化的数学、物理空间以及自然地理空间。”[3] 江南运河古镇聚落中的物质空间包括自然环境、街巷环境、公共环境、建筑环境等。“非物质空间意指除了物质空间之外的精神空间。”[4] 笼统地讲，非物质空间指的是精神空间，包括建筑艺术、建筑文化要素等。物质空间与非物质空间是构成社会空间的两个不可或缺的部分，它们彼此相互支撑、相互依存。物质空间与非物质空间的可持续保护是支撑社区常态化生活的基础，也是社区健康发展的根源。社区空间的持续性保护主要体现在两个方面。

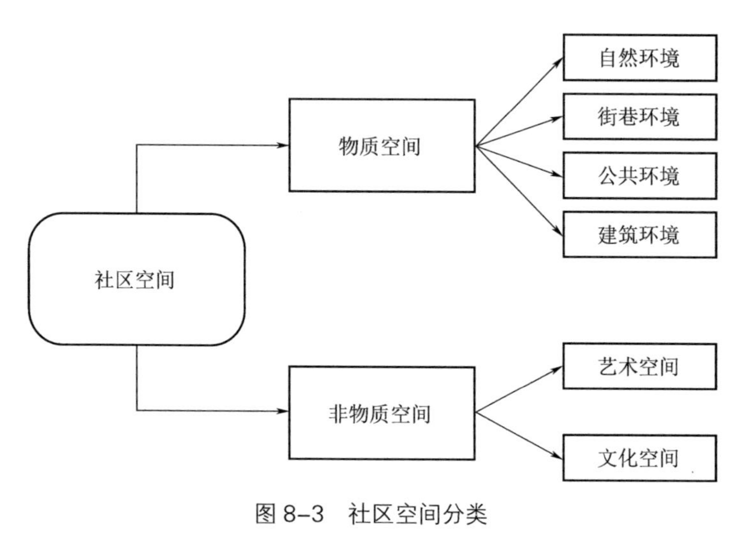

图 8-3　社区空间分类

（1）物质空间的持续性

由自然环境、街巷环境、建筑环境构成的物质空间，在历史发展的进程中有着延续性，在空间上有着统一性和关联性，在地缘上有着典型的地域性，它们承载着人类活动的轨迹，具有艺术价值、文化价

值和经济价值，以河网、街巷和建筑空间最为典型。河网是古镇聚落的灵魂，为社区公共空间，是居民散步、休闲、赏玩的空间。因此，对河网空间进行持续性保护是社区空间持续性保护的前提。一是要保护河网的连环贯通；二是要保护河网的原生态格局；三是要保护河道的生态，创造良好的生活环境；四是要做好河网沿线绿色植物覆盖，护堤防洪；五是要发挥河网的先天优势，实现人在河中游、景在岸上走，同时要保护河道卫生，实行垃圾分类，保持河道的干净、整洁。

江南运河古镇聚落的两大特色是河网与街巷，这两种元素构成了水陆交织、河街并行的聚落特色。河网的流动形态开阔而松弛，街巷则深藏于建筑物之间，由建筑物夹道形成，狭长、深邃、幽深，充满神秘感。加上街巷一般由麻石、青砖构成，具有古朴感，与周边建筑环境相得益彰。因此，在街巷的保护上，为了延续历史，应注意以下三个方面：一是要杜绝以水泥代替砖石，因为水泥是现代工业的产物，与古镇聚落的历史面貌不符；二是遵循街巷的原有特征和走向，不随意改变形态；三是保持大街小巷空间的连贯性，街巷空间是聚落空间保护的重点。在以车代舟的当下，街巷是社区空间持续发展的经络，也是社区居民的公共空间，因此保持街巷空间的尺度及流动性是至关重要的。

相对于河网、街巷空间持续性保护来讲，建筑空间环境的保护难度随历史发展而增大，因为江南古镇聚落建筑以木构梁柱系统为主、砖石结构为辅，木材不耐腐蚀，因此，需要从以下几方面保护建筑空间的持续性：第一，保持建筑的原有生态结构，除了扩大内部使用空间外，不能以任何理由改建、扩建；第二，保护建筑中庭院、天井空间结构的原始性；第三，保护门窗结构空间形态以及透光性；第四，保持建筑群外部空间与街区的统一与协调；第五，保护建筑内部空间的流动与通畅性，营造良好而舒适的生活环境。

河网空间、街巷空间、建筑空间的保护不但是古镇聚落持续发展的基础，也是整个社区空间持续发展的关键。社区空间构成元素丰富多样，因此在社区空间的保护上既要分门类、分形态、分步骤，精准施策，又要整体考虑彼此的关系、空间环境状况，以实现社区空间的协调与统一。

（2）非物质空间的可持续性

与物质空间不同，物质空间是人类活动、休息、庇护之所，非物质空间满足的是居住者精神、心理上的需求，也可以称之为精神空间。精神空间主要包括艺术空间和文化空间。艺术空间往往与文化空间并存，艺术空间是非物质空间的主要构成部分，如建筑空间中的雕刻艺术，其纹样丰富、雕工精致、寓意深刻，字画中的文字蕴含仁、义、礼、智、信的思想以及良好的修养、宽厚的胸襟、沉稳的品行。这些构件既是建筑结构本身，又起到文化传播及装饰作用。保护艺术空间相当于传承文化，赓续文化血脉，加上艺术空间与建筑结构相融合，随着构件损坏、腐蚀，雕刻艺术也会失去清晰的形象，这方面的保护与物质空间环境的保护还存在差异。要想有效保护艺术空间，使其持续性发展，需要从以下几个方面入手。

第一，建筑装饰构件保护。针对具有较高艺术价值和文化传播价值的建筑构件进行重点保护，让其完整地呈现于建筑空间中，并对居住者正向精神引导起到积极的作用，例如砖雕门楼，作为综合了绘画艺术风格、书法艺术以及家训文化的艺术空间，它呈现的不仅仅是精美的雕刻工艺，还综合地表达了中国传统文化的核心。

第二，艺术介质的转换。虽然砖雕、石雕不易损坏，但也会风化，而木雕的缺点则是不易保存。可以对砖雕、石雕、木雕艺术样式进行临摹和提取，运用现代的设计手法，建立社区新艺术空间，如艺术馆。运用数字媒体技术，以平面与动态相结合的方式使其艺术生命得以存续，解说与展示相结合，使其更加准确地传播艺术及文化意蕴，这种从立体到平面、从实物到图像的展示方式实际上发生了介质的转变，

但其样式和文化底蕴保持不变，数字媒体技术甚至可以更加清晰、准确地呈现艺术空间。

第三，装饰艺术元素的提取与再应用。延续艺术的生命还有一个行之有效的方法是注入新鲜的血液，让其与现代社区空间建设相结合，将艺术样式与新的媒介整合，与本土产品包装设计相结合。如糕点等土特产设计等，与文化创意设计相结合，提取具有代表性的元素进行IP设计；再如丝巾等日用品设计，与街巷空间导视系统相结合，让传统艺术文化重放光芒。

2. 服务功能持续性

2021年12月，住房和城乡建设部发布《完整居住社区建设指南》，要求各地应根据儿童、老年人等社区居民的步行能力、基本服务设施的服务能力以及社区综合管理能力等，合理确定完整居住社区规模。以居民步行5~10分钟到达幼儿园、老年服务站等社区基本公共服务设施为原则。

江南运河古镇聚落的社区构成，既不同于乡村，也有别于都市，典型的区别在于社区空间的构成与社区居民的构成上。但相同之处在于功能配套的完整性是必不可少的。尤其是在公共服务设施方面，应健全配套系统的教育机构，如幼儿园、小学、初中、高中；健全老年人活动空间，提供适宜的体育运动空间，满足社区居民的锻炼需求；建立并完善图书馆、文化馆等场馆，为居民提供阅读空间，提高知识水平，扩大视野；建立文化站，丰富居民业余生活，提高居民的艺术修养。此外还要有健康医疗体系方面的保障。完善的医疗设施等硬件建设是社区居民健康的保障。因此，社区的发展、聚落的延续离不开完善的教育环境、学习空间、医疗环境、健身空间以及娱乐空间，这些功能的完善是社区运转的基础条件，也是聚落发展的保障。除此之外，还需要社区空间功能的保障，自然景观功能的发挥，河道功能、街巷空间功能、公共空间功能的通畅。

社区功能的良性运转离不开社区管理与居民的参与。社区管理者应定期巡检社区配套服务设施，做到及早发现问题、解决问题，保证社区正常运转。社区居民作为社区的重要构成部分，有参与维护社区公共设施乃至公共空间秩序、环境的义务。

第四节 数字信息技术在传统建筑遗产保护中的优势和应用价值

江南运河古镇聚落传统建筑易损坏、易老化，寿命有限，如何传承建筑文化是时下面临的重要问题。需要对当下现存建筑的结构、布局、样貌、空间等进行测绘及数字采集，借助现代计算机技术手段进行三维建模、仿真设计，遵循科学有效的方法，建立虚拟建筑形态并且以实现交互为目的，给观者提供逼真的沉浸式体验。

一、数字信息技术在传统建筑遗产保护中的优势与作用

当下的建筑信息保存保护技术手段主要有三种，一是地理信息系统（Geographic Information System，简称 GIS），二是建筑信息模型（Building Information Modeling，简称 BIM）技术，三是虚拟仿真（Virtual Reality，简称 VR）技术。从建筑信息采集方法来看，主要用三维激光扫描技术和无人机摄像建模技术。通常情况下，综合使用这几种技术和方法，可以对古民居、古街区、古聚落、古建筑的保护起到较好的作用。随着信息技术、图像采集技术的不断发展和提高，建立中国传统木构建筑数字记忆库也成为可能。

（一）GIS 的特点及其在古镇聚落保护中的优势

GIS 是一种新的科学方法，是分析处理和挖掘空间数据的通用技术，具有空间数据采集、储存、显示、编辑、检索、分析、表达、输出和

应用等功能。[5]GIS 广泛应用于气候预测、智能交通、电子政务、地图导航、环境监测、现代物流等方面。GIS 以分析模型驱动，具有极强的空间综合分析和动态预测能力，并能产生高层次的地理信息。除此之外，GIS 以地理研究和地理决策为目的，是一个人机交互式的空间决策支持系统。GIS 的上述功能被普遍用于古建筑聚落、建筑群落的空间布局、聚落面貌、聚落形态、建筑空间构成形态、建筑局部等方面。另外，通过 GIS 数据分析可以掌握聚落的实时状态，以便及时发现问题、解决问题。

（二）BIM 的技术特点及其在古镇聚落保护中的优势

BIM 技术，是以三维数字技术为基础，在开放的工业标准下对工程构件及设施的全生命周期信息采用计算形式，是集成建设工程项目相关信息的工程数据模型。BIM 技术的核心是通过建立虚拟的建筑工程三维模型，利用数字化技术，为这个模型提供完整的、与实际情况一致的建筑工程信息库。该信息库不仅包含描述建筑物构件的几何信息、专业属性及状态信息，还包含了非构件对象（如空间、运动行为）的状态信息。其中 BIM 软件 Autodesk Revit 常被用于古建筑保护，借助于数字摄影测量、三维激光扫描测绘、红外测量等方式获得准确的空间信息，方便建立准确、高效的三维模型。同时，BIM 平台可以通过参数调整生成不同尺度的同类组件，并建立一个标准化构件库，如墙、门、窗、柱、梁等的信息。这种技术既有助于保存保护传统建筑的整体空间构成，也有助于建立类别库，展示不同尺度的建筑构件。基于 BIM 技术建立的三维模型数据准确、形态准确、空间真实、结构清晰。因此将 BIM 技术应用于古建筑保护不但可以准确保存建筑空间、结构、形态等数据信息，为古建筑修复提供参考。

2008 年哥伦比亚大学的斯蒂芬·默里（Stephen Murray）教授和瓦萨学院的安德鲁·塔隆（Andrew Tallon）教授发起了名为“Mapping

Gothic France”的项目，对包括巴黎圣母院在内的众多法国哥特式建筑进行了系统性数字化保存，建立了由图像、文字、历史地图构成的数据库。[6] 而这一数据库的建立为 2019 年巴黎圣母院失火重建提供了重要的参考依据。2019 年 4 月 15 日下午 6 点 50 分左右，法国巴黎圣母院发生火灾，整座建筑损毁严重。着火位置位于圣母院顶部塔楼，大火迅速将圣母院塔楼的尖顶吞噬，尖顶如被拦腰折断一般倒下。这座拥有几百年历史、见证时代变迁的建筑遗产的主体建筑结构遭到了严重破坏，而后法国文化部门征集了修复方案，最终被烧毁的巴黎圣母院塔尖按原样重建已经取得“广泛共识”。而按照原样修建的前提是要有准确的技术参数、尺度数据、样貌图片等资料作参考，好在这些数据都已得到准确地测绘并保存了下来，因此巴黎圣母院保护和修复工作顺利开展。

相比西方传统的以石材构建的建筑，中国古建筑大多为木架结构体系，江南运河古镇聚落的建筑遗产更是多为木架结构建筑，由梁柱构成并起主要支撑作用，因此木架结构是保护的重点，但因木材有着易腐蚀、易燃的缺点，随着时间的推移，建筑的寿命逐渐缩短。运用 BIM 技术可以对现存的有历史价值、文化价值的建筑遗产进行扫描，保存数据和图像，进行实时三维建模，建立完整的建筑遗产数据信息库，为今后建筑的修复与保护提供可靠的数据参考。

（三）VR 技术特点及其在古建筑遗产保护中的优势

VR 技术又称虚拟现实技术或模拟技术，是用一个虚拟的系统模仿另一个真实系统的技术。VR 技术是结合图形图像、仿真、视觉表现及多媒体等相关技术的计算机核心技术，通过感官体验为用户提供逼真的虚拟环境，用户通过人机交互体验虚拟环境，获得身临其境的感官体验。[7] 虚拟仿真技术具有交互性、虚幻性、逼真性、沉浸性。虚拟仿真技术往往与三维激光扫描技术、摄影建模等数字化技术相结合。使用该技术时首先要获取古建筑的三维数据，其次是选择合适的测量方式获取建筑的高精度数据，做好前期各项工作，获取数据后进行三维建模，利用三维坐标定位古建筑的位置，确定古建筑的高度、占地面积、建筑面积及地形情况,在获取数据的过程中,要注意因为建筑通常为木质结构或砖木结构，柱梁、榫卯等结构往往十分复杂，所以要使用图像生产法、激光扫描法等多种方法快速、准确地获取古建筑的内部数据，协助三维建模。[8]三维模型建立得真实、准确，可以提高虚拟场景的真实度。而虚拟交互系统的基础是人机交互，需要满足体验者的审美，加入角色互动，虚拟技术中包括了视觉、触觉、听觉、味觉元素，利用角色进行图片、动画、视频介绍，可提供高分辨率的图像，增强画面的生动性，也可以将配音、音效、字母作为辅助，传达更高级的视听效果。当然虚拟技术还可以弥补现实中因距离、空间、视角而造成的图像模糊、信息不全面的缺憾，因为在精准的三维模型基础上，实时三维图形生成技术可以生成不同光照条件下各种物体的图像，广角立体显示技术可以使人们在 VR 体验中感受到物体的立体感，这项技术的原理是双目立体视觉。因此，VR 虚拟技术能提升建筑空间、结构以及形态的展示效果，增强传播力度，可以为观者提供生动而身临其境的体验。

二、数字与信息技术在江南运河古镇聚落保护中的应用价值

（一）有效保存古镇聚落形态、环境及风貌

近些年来，通过对古村落、古街区、古建筑文化的保护，确实保存下来了不少建筑文化遗产，其中保存较为完整的古镇聚落有乌镇、南浔、同里、黎里、西塘、周庄等。而这些古镇的保护起步于 20 世纪 90 年代，基本采用的是传统的保护手法，以人工测绘、测量、相机拍照、CAD 制图、图片等方式记录古镇聚落的状况、样貌，因此，古建

筑的形态、布局、结构、尺度等信息相对较为分散。而 GIS 能够通过多维度空间扫描和动态测量分析出古镇聚落的现状，水环境、街道环境、建筑环境的状态能够清晰呈现，同时获取的信息可以以电子文件的形式储备。同时，可以在不同时段、不同年份运用 GIS 对古镇聚落的发展状况、保护成果、环境状况等进行跟踪扫描，有利于及时发现问题、解决问题，使古镇聚落在发展中得到有效的保护，也可以为聚落形态的常规修复与保护起到参考的作用。除此之外，电子信息数据还可以共享给研究者，起到文化传播的作用。

（二）有效整合建筑信息，为建筑保护提供准确的数据信息和参考

在信息技术用于建筑保护之前，人工测绘、测量、CAD 绘制，相机拍摄、无人机成像等方式获得的建筑群落、建筑结构、建筑尺度等信息、数据构成相对复杂，且需要人工分类保存，这使在后续开展建筑保护时查阅资料相对困难。而借助新的三维激光扫描技术、无人机拍摄技术能够高效获取全方位、高精度的空间信息，运用 BIM 平台合成较为准确的建筑设计图纸，方便加工成三维模型。BIM 技术具有可视化、协调性、模拟性、优化性、可出图性、一体化、参数化、信息完备等特点，同时 BIM 也是一种共享的知识资源，在项目的不同阶段，不同利益相关方通过 BIM 更改信息，实现协同作业。基于自身的特点，BIM 在古建筑保护、修缮以及重建领域的应用越来越普遍。BIM 技术的另一优点在于对建筑模型提出了“族”的概念。族，分为常规构件族和特定构件族。每个族可以认定为一类构件，不同构件由本身属性参数控制，这恰好适用于形式多样、单体构件属性多的古建筑。应用 BIM 技术，能够高效而准确地整合建筑形态、结构、空间等信息，为建筑保护提供准确的信息数据和参考，提高了古建筑的保护效率，又实现了信息共享。[9]

（三）运用 VR 技术，增强体验效果，加大古建筑文化的传播力度

在古建筑修缮和保护中应用 BIM 技术，能够在计算机模拟状态下，构建虚构的三维空间。这类虚拟空间通过屏幕展示内容使人产生与环境共处的虚拟情境，加深观者印象，实现与现实世界的有机联系。使用虚拟现实技术，在构建好虚拟环境之后，可以把古建筑 BIM 模型数据导入虚拟情境，用户通过虚拟眼镜获得交互式感受。[10] 随着岁月的流逝，传统木结构建筑易于老化、损坏，运用 VR 技术、数字孪生技术等保护江南运河古镇聚落是当务之急，其作用有三：第一，可以监测天气及气候变化对建筑的影响，有助于对古建筑进行局部保护；第二，可以监测不同时间段的人流量，尤其是重点保护的楼台建筑，过量的人数会加速木制楼板、门窗的磨损等，阶段性限制参观人数可以延长建筑的寿命。第三，可以数字游览，观者穿戴 VR 设备后可以在虚拟空间里漫游，可以身临其境地感受建筑形态、建筑结构及建筑装饰，进而了解建筑文化。同时，VR 技术还可以整合与建筑文化相关的民俗文化资源，给观者提供更为真实的视觉及听觉盛宴，因此，VR 技术可以提升建筑文化的展示效果，从而起到传播建筑文化的作用。

（四）三维扫描技术在视频中的应用，延长建筑生命，扩展观者视野

新的三维扫描技术属于无人机摄像技术，是古建筑测量保护中应用较为普遍的技术。无接触测量技术是在不接触古建筑本体的情况下，通过扫描等手段获得有效数据，降低测量过程中对建筑造成破坏的概率，还可以制作 3D 效果的古建筑纪录片，使游客通过纪录片了解古建筑的内部情况。[11] 三维激光扫描技术在建筑信息资料的采集过程中尤为重要，既可以扫描外观，又可以扫描内部结构，同时运用无人机

搭载还可以扫描地形、面积、建筑的布局等，便于准确而完整地获取古建筑的相关信息。随着无人机技术的发展，利用无人机摄影建模，可以弥补地面摄影在视觉上的不足。三维激光扫描、无人机摄影建模等数字化技术的优势在于：一是能够极大丰富信息维度，使建筑所含的信息得到长久、有效的保存；二是在建筑的档案记录、病害勘察和安全监测方面更具优势，有助于提高保护与管理工作效率；三是建筑遗产三维数字化可以在最大范围内实现建筑的展示、传播和共享，促进建筑遗产保护事业的精细化、公众化与可持续发展。[12]

注释

[1] 陈洪波，等 . 宁波水文化研究 [M]. 杭州：浙江大学出版社，2018：238.

[2] 黄怡 . 社区与社区规划的空间维度 [J]. 上海城市规划，2022（2）：1-7.

[3] 郭晗潇 . 中国社会科学报 [N].2022-03-09（2363）.

[4] 张园园 . 非物质空间规划在城市服务设施体系中的应用 [J]. 城市地理，2014(22)：8.

[5] 曹永康，建筑遗产的数字化与信息化应用 [EB/OL].（2022-09-23）[2023-12-25]. https：//baijiahao.baidu.com/s?id=17447452274077607 36.

[6] 李东 . 国内 BIM 在建筑遗产保护的应用研究 [J]. 科学技术创新，2020（1）：106-107.

[7] 陈虹宇，庄程宇，黄韵 . 虚拟现实技术在遗产教学中的应用探析 [J]. 建筑与文化 .2017（12）：214-215.

[8] 周剑平 . 基于虚拟技术的古建筑群生态数字复原 [J]. 大观，2017（2）：233.

[9] 刘雅艳，丁锐 .BIM 与三维 GIS 在古建筑信息模型中的应用研究 [J]. 科学技术创新，2017（35）：135-137.

[10] 史斌，刘虹涛 .BIM 技术在我国传统建筑保护利用中的应用进展与展望 [J]. 华中建筑，2022（2）：16-19.

[11] 冯文博，刘军 . 基于虚拟现实技术的司马迁祠堂数字建模研究 [J]. 美术教育理论研究，2013（17）：82-83.

[12] 曹永康 . 建筑保护专家曹永康：建筑遗产的数字化与信息化应用 [EB/OL].（2022-09-23）[2023-12-25].https：//baijiahao.baidu.com/s?id=1744745227407760736.

后 记

江南运河古镇聚落的形成与中国古代的治水智慧不无联系，江南运河古镇的发展与运河的开凿和治理密不可分，尤其在江南运河与京杭大运河沟通之后，发达的交通运输带动了沿岸经济的繁荣。与此同时，江南运河还为沿线古镇带来了丰富的水源，使居民能够安居乐业，从事各种生产和经营活动。

江南运河古镇聚落有着独特的风格，鳞次栉比、白墙黑瓦、小桥流水、曲径通幽是江南运河古镇聚落的共性特征。建筑形态设计巧妙，空间有序，充分考虑了通风、采光、遮阳等实用功效。街道、水弄、巷弄、陪弄等空间形态是有效利用地域环境和自然优势的结果，体现了物尽其用的空间设计理念。

江南运河古镇聚落在处理人与自然的关系上，展现了一种和谐的生态美学。修建了水利工程，改善了水文环境，营造了适宜的生存环境，充分体现了对自然的尊重和爱护。利用水、土、木、石等物质材料营建不同规模、不同形态的建筑，运用巧妙的营造技艺构筑合理而又稳定的木结构建筑体系，体现了古镇居民尊重自然、善于利用自然资源的智慧。

江南运河古镇聚落不但是生活空间，同时承载着历史文化。不管是建筑结构体系、室内布局、庭院设计、铺地，还是建筑装饰配件，皆蕴藏着中国儒家文化仁、义、礼、智、信的思想及伦理秩序，道家文化道法自然的和谐观，以及释家真、善、美的观念。因而对江南运河古镇聚落的研究，不仅要关注物质存在的状态，还要关注非物质文化存续。在研究过程中需要不断调整思路，不断考证观点是否站得住脚，这是决定成果能否经得住考验的关键。同时，研究江南运河古镇聚落的营造智慧和生态美学，需要运用类型学、建筑学、图像学、文化人类学、生态美学等方法论。田野调查、比较与分析、文献查阅法、综合法是本书的研究路径。综合运用多种研究方法与研究路径，可以从全局考虑，做到客观真实，避免顾此失彼、片面化。

在研究过程中，时常遇到一些疑难或模棱两可的问题，因存在学科差异，咨询是解决疑难问题的有效途径。在本书撰写过程中，得到了多方支持和帮助。感谢嘉兴学院图书馆提供了丰富的专业图书资源，设计学院为本书出版提供了资金支持，为课题顺利开展给予了保障；感谢嘉兴图书馆古籍部沈秋燕主任及文献部老师们不厌其烦地从海量的文献资源中查找相关书籍，为本书的实证研究内容提供了支撑；感谢中国建筑工业出版社王晓迪编辑给予的宝贵建议和鼎力帮助，为本书顺利出版发行保驾护航。

除此之外，基于江南运河古镇聚落的现状，江南运河古镇聚落的保护是必要的，但受专业和研究领域的限制，在数字信息技术保护方面未作深入的研究，在未来需要加强学习新的技术知识，以拓展研究视野。俗话说，技术是第一生产力，运用先进的数字信息技术是保护好江南运河古镇聚落与建筑文化遗产的根本，也是持久传播古建筑文化的有效途径。因受知识储备局限，该书尚存许多不足，请各位专家学者不吝批评指正。

张新亮

2023年8月15日